这样的数学
才有趣

［日］池田洋介　著　　黄伊冉　译

U0247984

南海出版公司

2023・海口

◎ 前 言

**只要读了这本书就能喜欢数学，
并改变对世界的看法！**

日本有句谚语，借别人的兜裆布比相扑。

我本来以为这句话是形容极其"让人不舒服"的心情，但其实它真正的含义是"借助他人的成功，获取自己的利益"。真是不明白，绑着别人的兜裆布能够获取什么利益？

当被问到要不要写一本"即使对数学没兴趣的人，也能愉快读完的数学书"时，我基本上客套了两句就答应了。因为从很久以前，我就想写一本这样的书了。

但与此同时，我脑海里也闪过一丝顾虑：市面上已经有很多类似的书了，我再去写，不就等于把大家翻来覆去讲的内容，重新组织语言再说一遍吗？那就成了"借别人的兜裆布比相扑"，既不知分寸又让人不舒服。

所以，在写此书的时候，我对自己提了两点要求。

第一，就算是司空见惯的题材，我也要在这个题材中找到属于我的新的切入点。

其实，我在做数学讲师的同时，也是一名专业的表演家。表演分很多不同的种类，我主要表演的是融合了"手技""魔

3

术""哑剧"等的创新杂技。很感激的是，我的表演在国际上获得了较高的评价，目前我正以欧洲为中心进行世界巡演。

在表演者的世界里，"如何与他人形成不同的看法"成了我的自我认知。就像随处可见的风景在专业摄影师的独特视角下会别出心裁一样，为观众展示不同寻常的表情才是表演。我认为只有通过这个"视角"才能孕育创新。

用数学讲师的"视角"看待日常生活，然后用表演者的"视角"看待数学。在"视角"上下功夫，就算是经常出现的数学题材，也能赋予它们新的光彩。

第二，避免因为过于重视通俗易懂，而没有完整地诠释出关键的数学知识点。有时候"让人能简单理解的表达"，往往会变成"只展现了让人能简单理解的那部分"。

遗憾的是，数学很难，也很麻烦。但是毫无疑问，那只是数学这门学科的小缺憾。如果太纠结于它的难和麻烦，那么数学的魅力就会随之减半。

正因如此，就算有一些数学知识点比较难，我也会尽量保持不逃避的态度为大家解释清楚。读这本书并不需要多高的数学水平，只要有初中文化程度，就能理解本书中出现的数学公式。

即使这样，可能还是会有人说自己"很不擅长看数学公式"。那就把数学公式看作"旧石器时代的人在洞穴中画的壁画"，或者是"外星人向我们传递的信息"。无论如何，我认为学习新知识的诀窍是：在遇到不懂的内容时，把它暂时放进脑海中的"不懂文件夹"，然后继续向后学习。

大多数时候，这不太影响我们掌握整体内容，而且"不懂文件夹"中的疑问也可能在意想不到的瞬间，突然迎刃而解。学习就是这么一回事。

就这样，"作为业余数学家和专业表演者的我，用自己的兜裆布玩着相扑，写了一本独特的数学书"。在本书中，集结了让人一边笑一边开动脑筋，能愉快读完的三十三则"故事"。

虽然书中有些内容是相互关联的，但基本上都是独立完整的故事，阅读时不用在意顺序，从自己喜欢的内容阅读即可。

希望大家读完本书后，数学既不是"他人""神明"，也不是"仇人"，而是像一个老朋友，虽然有时很麻烦，但却时常能帮助你。

池田洋介

◎目　录

第3章
希望被写进课本的数学故事

第4章
激动人心的数学故事

第 1 章

颠覆常识的数学故事

让每个人都觉得公平的 蛋糕切分法（一）

有这样一家餐厅，只要你点了菜品，就可以免费续米饭。对于饭量大的年轻人来说，这真是一项值得称赞的服务。

但是这项服务却引来了如下的投诉："我很瘦吃不了多少米饭，更不会续米饭，但我却必须和那些饭量大的人付同样多的钱，这可不太公平。"

为了处理这个投诉，店家对原本免费续的米饭开始增收额外的费用。

刚听说这件事的时候，我就觉得人性确实很复杂。免费续米饭这件事，虽说对于饭量大的人而言是"赚到了"，可对于不续米饭的人也不至于"亏了"。

不过，人往往有这么一种心理在作祟："他人得利"就等于"自己吃亏"。

言归正传，本小节的主题是"让每个人都觉得公平的蛋糕切分法"。看到这里，一定有很多人认为这是在讨论"怎么将生

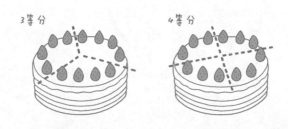

3等分　　　　　4等分

日蛋糕平均分成三份或四份"。这不是很简单吗？有的手机App
只要给蛋糕拍个照，就能得到均分蛋糕的方法。

然而，"平均分配"和"让人觉得满意"完全是两码事。假
设有人用刚才提到的App，准确地将蛋糕平分给了大家。但也
许会有人盯着他的蛋糕，开始怀疑："他手上的蛋糕看起来比我
的大，不会是他没有按照App的切法，故意给自己多分了一些
吧。"不满就此产生。

我们将"让人觉得满意"的状态定义为：所有人都确信
"自己的份额不会比任何一个人的小（比他们大或者相同）"。或
许你会想，真的能达到这种完美的状态吗？其实，如果是两个
人分蛋糕，很早之前就有一个简单的解决方法了。

那就是一个人切，另一个人选。

这个方法叫作"你来分我来选"。一方面，负责切的人会尽
量切得平均，这样不管对方拿走哪一块，自己都不会吃亏；另一
方面，负责选的人则会挑看起来稍微大一点的那块蛋糕。结果两
个人都确信自己拿到的份额是"大于整个蛋糕的$\frac{1}{2}$"的，即"没
有比对方少"，这就满足了刚才所说的"让人满意"的条件。

不过如果分蛋糕的人从两个变到三个，又该怎么分？试着想一想，如何用刚才的方法给三个人分蛋糕。

将三个人分别标记为 A、B、C。有一种方法是这样的：首先 A 和 B 用刚才说的"你来分我来选"把蛋糕分成两份。接着 A 和 B 把自己的那一份再平均分为三份，最后 C 分别从 A 和 B 的三份中挑走自己认为最大的一份即可。

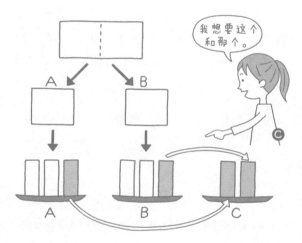

我们按顺序再看一遍，正如前面解释，A 和 B 确信自己的份额是"大于 $\frac{1}{2}$"的。

A 和 B 会将手中的蛋糕准确地分成 3 等份（为了方便 C 选择），目的是保证不管 C 拿走的是哪一块，大小都一样。无论 C 选择哪块蛋糕，A 和 B 都会确信自己手中的份额是大于 $\frac{1}{2} \times \frac{2}{3} = \frac{1}{3}$ 的。

另一方面，C 认为，他从 A 和 B 那里挑走的蛋糕都是大于 $\frac{1}{3}$ 的，综合起来他手中的份额应该大于整体的 $\frac{1}{3}$。最终，所有人都会确信"自己拿到的蛋糕是大于整体 $\frac{1}{3}$ 的"。

可喜可贺，可算解决了——你要是这么想就错了。

确实，这样做会让所有人都确信"自己拿到的蛋糕大于整体的 $\frac{1}{3}$"。但是并没有消除"别人拿的是不是比我多"这样的疑虑。

A可能会这样想："可能B和C是同伙，B故意切掉一块更大的蛋糕，然后被C选走。那样的话，C手中的蛋糕就会比我的大。"B也会有和A一样的疑虑。而C指不定会想："A和B是同伙，A故意让B拿走一块大的蛋糕。那样的话，B的蛋糕就会比我的大了。"

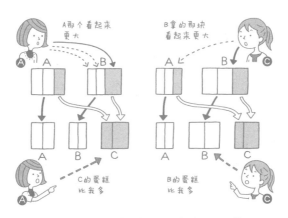

总之，这个分法并不能消除所有人的不满。这也就是我在开头提到的"复杂的人性"——就算自己没吃亏，也不愿看到别人得好处。

我个人觉得最好的解决方法就是"别斤斤计较了，先吃再说"，但我也是很有耐心的数学家。我已经想到了一个方法，就算是像前面那样的斤斤计较者也能接受，下一小节会为大家详细介绍。

让每个人都觉得公平的蛋糕切分法（二）

"没有人不满意"的蛋糕切分法，非常有意义，因为它既是数学问题也是人性问题，甚至是体现社会制度的问题。

如果三个人都很"佛系"，抱着"吃亏是福"的想法，那一切就都圆满收场。如果人人都诚实，并相信对方也是诚实的，这样的问题也不会存在。

但遗憾的是，人总是希望比他人获得更多，总是想要先下手为强，且无法接受他人多得利，所以社会才需要规则。

那么究竟应该制订什么样的规则，才能够抑制大家自私的行为呢？

理想状态下是制订这样的规则：人们越自私，就越会采取让所有人获益的行动。在上一小节中介绍过的"你来分我来选"正是如此。

在这个规则下，想让自己获取最大的利益，就不得不做出公平的举动。这样看来，"你来分我来选"确实是一条极好的规则。

那么，在A、B、C三个人分蛋糕的事情上，就不能制订一条理想的规则吗？

假设三个人都是极端利己主义者，都只相信自己，总是做出自私举动。即便如此，也应该存在一种规则来保证他们做的事最终必须对所有人都有利。

我希望你们仔细阅读并理解以下说明：

首先，A 把蛋糕分为了三份，B 看到后开始思考其中哪一份蛋糕是最大的。

如果 B 认为最大的蛋糕有两份以上（也就是说"三份一样大"或"仅一份较小，剩下两份一样大"），这时 B 就会毫无怨言地直接同意。

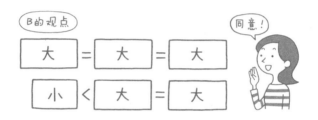

如果 B 同意了，就按照 C→B→A 的顺序选蛋糕，这样一来问题就能解决了。

为什么这么选，因为 C 会选三份蛋糕中他认为最大的那一块。不论 C 选哪一块，B 都会觉得至少还剩下一块自己认为较大的蛋糕。最后，因为 A 是切蛋糕的人，所以无论剩下哪一块，A 都不会有怨言。这样一来就成了三个人都"没有不满"的蛋糕切分法。

那么我们再想想 B 不同意的情况：当 B 认为 A 切好的蛋糕中"只有"一份最大。

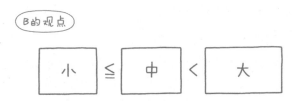

把最大的那份蛋糕看作P，把B认为第二大的看作Q，剩下的那份看作R（Q和R的大小有可能相同）。

这样的话，假设B从P中切出一小块，使剩余的部分与Q的大小相同（B认为的相同）。接着把切出来的小块蛋糕设为L，剩余部分为P'。

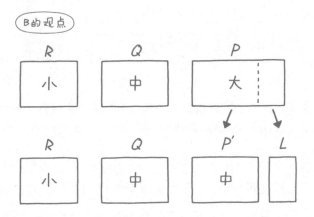

先把L放在一边，按照C→B→A的顺序依次选取蛋糕。只不过规定一下，当P'被剩下的时候，B一定要选P'。就这样，全员都会对自己得到的份额感到满意。

因为C能选到三份蛋糕中他认为最大的那份，不论C选哪一份，B都可以选P'或者Q。到A选的时候，因为蛋糕是自己切的，所以剩下 Q 或 R 中的任何一个，A 都不会有异议。

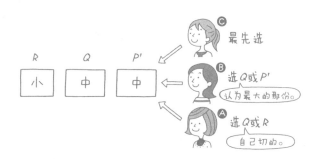

接下来就是处理剩下的蛋糕 L 了，把 B 和 C 中"选择了 P'的人"看作 X，把"没选 P' 的人"看作 Y。Y 把 L 分成三等份，然后按照 X→A→Y 的顺序进行选择，这样的话大家都没有怨言。

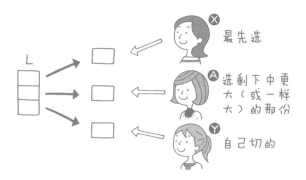

想一想为什么？X 是最先选的，所以当然不会有意见。对于 A 来说，虽然 X 可能会选走比自己所得更大的一份蛋糕，但是那并不影响。

因为 A 在一开始把蛋糕分成三份的时候就考虑到了，P' 和 L 合起来（也就是 P）是和 Q、R 一样大的。选了 P' 的 X 无论从 L 中选走多少（即便是全部选走），加起来也不会有自己的份额多。

最后对于 Y 来说，因为是自己切分的蛋糕，所以被选走哪份都不会有怨言。

以上就是让三个人都"没有不满"的蛋糕切分法，当然前提是这三个人能明白我在说什么。

数学家会更激进，思考出让 N 个人能平分蛋糕的归纳法。但是那样的话，就需要更精细地切分，那么蛋糕早已被切得不成样了，我甚至怀疑还会有人想吃它吗？

顺带一提，小事一桩用英语说是 "a piece of cake（一块蛋糕）"，作为这个故事的结尾，简直是绝妙的讽刺。

"无限"吃巧克力板的方法

首先，想请大家看看下面这幅图。

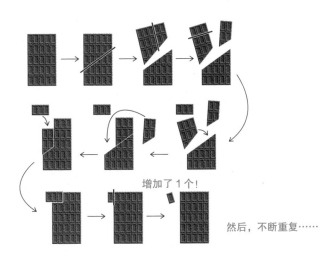

增加了 1 个!

然后，不断重复……

这是在解释一个划时代的发现：只切开一块巧克力板，用重新排列的方式就能增加一小块巧克力。

实际上，上图是我在推特上传的动图，标题叫"生活小妙招：能无限吃巧克力板的方法"，后来在世界各地广泛传播。

当然这只是一个笑话，但是有一部分人真的相信了，甚至出现了实践高手。虽然其中有人因为进展不顺利而愤怒地表示"这就是诈骗""不要散布谣言"，但是大多数的人都充分明白了我的意图，通过思考"为什么会产生这样的错觉"，从而享受起了图形拼图的快乐。

接下来，我会为大家揭秘这个小把戏，不过如果你是第一次看到这幅图，请在继续阅读前至少花一些时间，尝试解开这个谜题。

重新排列会使图形的面积增加或减少，这个小把戏被称为"消失（出现）之谜"。在此为大家解释一下最基本的原理，请看下图。

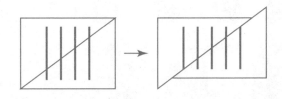

左边纸上画着4条线段，但是斜着切开并沿切线"错开"后就变为5条线段。

那么，第五条线段究竟是从何而来的呢？为了说明原因，请看下图。

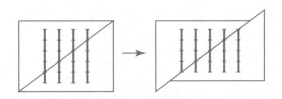

这是在刚才的线段上，标记了等距刻度的示意图。只要看了示意图就能明白：4条线段原来的长度都是"5个刻度"，但后面5条线段的长度却变成了"4个刻度"。"5个刻度×4条线段"也好，"4个刻度×5条线段"也罢，本来一共就是20个刻度，所以整体的分量并没有发生变化。看起来像是凭空出现的第五条线段，实际上是通过一点一点缩短其他线段的长度后拼凑而来的。

巧克力板增加的原理也和这个线段的小把戏基本相同。为了更便于理解，我们把巧克力看作 5×5 的正方形，把巧克力板的切面准确作图后，可得到下面这张图。

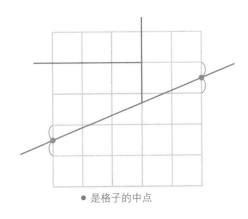

● 是格子的中点

虽然通过重新排列，巧克力板增加了一小块，但这有一定的欺骗成分，因为跟原本的长方形相比，重新排列后的长方形的高度减少了。

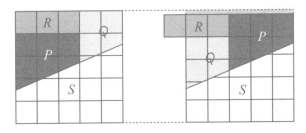

准确计算的话，减少的高度为 0.2，因此减少的面积为

$0.2 \times 5 = 1$。减少的面积刚好与左侧多出的一小块巧克力相同，不多不少，正负相抵后差额刚好为 0。

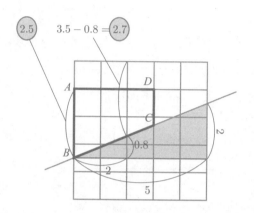

综上所述，最终巧克力并没有增加或减少。无限增加巧克力的"甜蜜梦想"，在质量守恒这一苦涩的物理法则前早就应该破碎了。

知道这个原理后，我们再回顾下最初的图片，你会发现其实在 p21 的图中，有一处巧克力的形状被放大了，请大家务必找找那个部分在哪里。

隐藏在《勇者斗恶龙》地图中的真相

说起《勇者斗恶龙》[①]，它可是日本家喻户晓且相当受欢迎的一款游戏。

第一代发售的时候，我还是个小学生。游戏画面和现在的比起来十分粗糙，主人公只能朝着正前方，水平移动时像螃蟹一样走路。甚至和旁边的人说话时，也只能用输入指令的方法指定说话的朝向。

第二代时，这个游戏世界里发生了一场革命，在游戏的中间阶段出现了"船"，第一代里的行动范围仅限于"陆地"，在第二代时扩展到了"海洋"。

在这之前，海洋都是游戏世界里的尽头，现在突然变得可以在海上航行，人们当然会好奇：如果沿着海洋前进，世界会变成什么样？

一边怀揣着害怕的心情，一边像哥伦布西渡大西洋一样，向着地图的左边、再左边行进。

只是没想到结果却很平淡，到达地图左侧的船，在下一秒出现在了地图的右侧。在同一地图中，越过了地图上方的船会出现在地图的下方。原来地图的左和右、上和下是连接在一起的。

---

① 由日本艾尼克斯研发的电子角色扮演游戏系列。

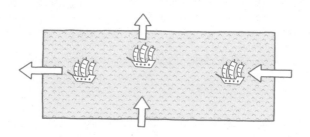

　　说到底就没有"尽头"这个东西，一半失望，一半理解。简而言之，《勇者斗恶龙》的世界，和我们居住的地球一样，是一个封闭的球形。

　　在那之后过了十年，我突然对《勇者斗恶龙》的世界是一个"球"的说法开始产生怀疑，那时在大学数学系里刚接触几何学，我注意到了《勇者斗恶龙》世界中"不合理的真相"。

　　为了便于说明，我们把《勇者斗恶龙》的世界全都假设成海洋，船可以移动至任何地方。从地图的正中央开始，船一直向左航行，然后从地图的右侧出现再慢慢回到起点。

　　为了便于理解，我们把绕世界一周的路线称为《勇者斗恶龙》世界的"赤道"。当然，它与地球的"赤道"相呼应。

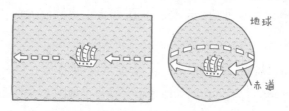

　　我们知道，地球被赤道分为北半球和南半球。赤道就是两个半球的分割线，北半球的人必须横穿赤道才能前往南半球，同样，南半球的人也必须横穿赤道才能前往北半球。

将赤道两边对称的两个点设为 A 和 B，那么 A 和 B 不在同一个半球。请大家确认下从 A 开始出发前往 B 的过程中，是否一定会横穿"赤道"。

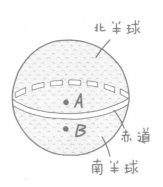

然而，《勇者斗恶龙》的世界也是如此吗？像刚才那样，在赤道的两边找两个对称的点设为 A 和 B。明明两个点不在同一个半球，但当在 A 点的人一直向上前进时，就会从地图的上方移动至下方，最终到达 B 点。

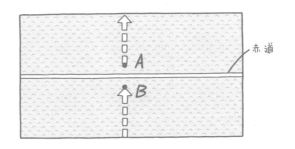

此时，请大家注意 A 并没有横穿赤道，这在地球上是不可能发生的。所以不得不思考"《勇者斗恶龙》的世界并非球形"。

不是球……故事突然变得有趣起来。那么《勇者斗恶龙》的世界到底是什么形状呢？

大家可以准备一张长方形的纸作为地图，像 p28 上方的图那样，在左边标上 A、B、C 三个点，然后在右边标上与之对应的 A'、B'、C'。接着在上端标上 P、Q、R 三个点，在下端标上与之对应的 P'、Q'、R'。

27

我们将地图粘贴，让这些点连接在一起。地图用气球那样能伸缩的材料制作而成，所以无论怎么弯曲，都不用担心它会破损。

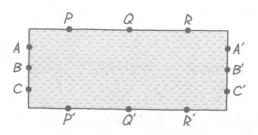

首先将A、B、C与A'、B'、C'重叠起来，我们会得到如下图所示的圆筒。

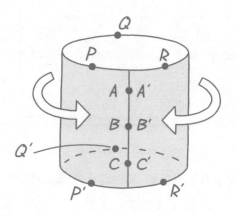

此时，原来地图上的P、Q、R和P'、Q'、R'，则会处于圆筒的顶面及底面两端的圆上。

接着把两端圆上的点对应重叠。为了实现这一目的，我们需要把圆筒沿上下两端拉长且轻柔地弯曲它，然后贴合两端。

最后得到的形状就和甜甜圈一样。我现在特别想像亚里士多德叫着"这个世界是一个球"一样，高声欢呼："《勇者斗恶龙》的世界是甜甜圈状的"。

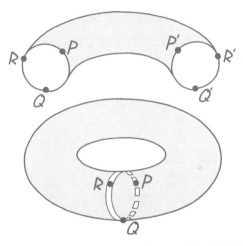

不用说，这样的结论一时让人难以置信。但仔细一想，刚才提到的游戏世界里的"不合理的真相"却能在这里符合逻辑。

就算两个点位于赤道两边，但如果A点能沿着甜甜圈洞的那一侧行进，无须横穿赤道就可到达B点。

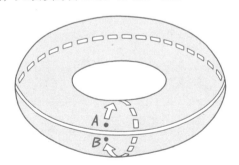

这样一来，会发生更多有意思的事。比如在甜甜圈状的星球上，住在洞内侧的居民仰望星空时，会不会看到其他居民上

下颠倒的生活状态呢？昼夜会如何交替呢？不，或许我们应该先思考一下重力会如何起作用。

理科性质的考究会让虚拟世界更有深度，实在是乐趣无限。当然，制作者本身有没有带着这种意图去设计地图，就不得而知了……

护照上的章和
一笔画问题

由于演讲的缘故，我经常会出国，无论前往哪个国家，出入境时都要办理审查手续。当审查通过时，护照上会盖上章，证明审查合格。

一般情况下，入境和出境各盖一次章。因此从日本前往别的国家，再回到日本的话，护照上应该会出现两枚日本的章、两枚目的国的章。

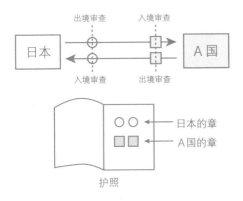

如果从日本出发去了好几个国家，再回到日本，护照上又会变成什么样呢？p32 的图展示了从日本出发后前往 A 国、B 国、C 国、D 国，最后回到日本的路线。这时想一想，护照上被不同国家盖过的章，分别有多少枚呢？

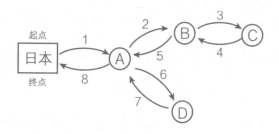

其实有个简单的方法可以得出答案：数一数"进出各国的箭头数量"即可。当"进入"或者"离开"某个国家时才会被盖章，所以进出这个国家的箭头数量，与被这个国家盖上的章的数量是一致的。

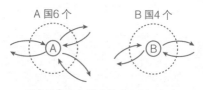

盖章的数量与箭头的数量是一致的

实际数一数，日本是 2 枚章，A 国是 6 枚，B 国是 4 枚，C 国和 D 国都是 2 枚。

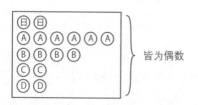

在这里我注意到一件趣事，虽然各国盖章的数量不同，但是它们都是"偶数"，原因也很简单，因为"入境"和"出境"

一定是成对出现的。

除了日本之外的国家，都是从"入境"开始，到"出境"结束。相反，日本则是从"出境"开始，到"入境"结束。

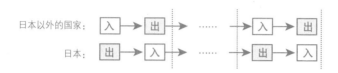

无论是哪种情况，"入境"和"出境"都是两两成组，最后被盖的章的总数就成了偶数。

在这里讨论的是从日本出发再回到日本的"往返旅行"的情况。那么当起点和终点不是同一个国家时，会变成什么样？

举个例子，从日本出发，出游了几个国家后回到A国，路线图如下：

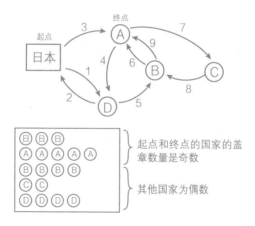

核对后会发现：除了起点和终点的国家的盖章数量是奇数以外，其他国家的都是偶数。

原理和上文中的说明相同，起点的国家是从"出境"开始，到"出境"结束；终点的国家是从"入境"开始，到"入境"结束。"入境"和"出境"两两成组时，起点或终点的国家会多出 1 枚章，所以它们章的总数量是奇数。

除了起点和终点的国家，其他国家和前文中的情况相同，因为是从"入境"开始，到"出境"结束的，所以章的总数量就是偶数。

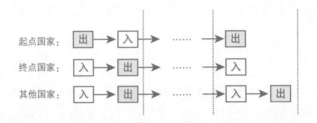

通过看一个人护照上章数的"奇偶"，就能判断他是否为一个合规的旅行者。

如果这个人目前在自己的国家，那么他所有的章的数量应为偶数；如果他目前在别的国家，那自己国家和目前所在国的章的数量应该是奇数，其他国家的章即为偶数。

换句话说，如果一个人的护照上有三个以上国家盖的章为奇数，那么他有可能"非法出入过某个国家"。

其实"盖章数量的奇偶性"和"一笔画"背后的数学原理有着紧密的联系。

一笔画是指笔尖不离纸，一笔画出图形，线与线之间可以互相交叉，但是不能重叠。

例如，下方的图形就能用一笔画出。

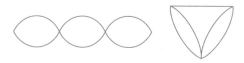

相信你一定注意到了，一笔画的作图方式就像画出经由几个国家后到达某个国家的路线图一样。

下图分别是"从 A 国出发，经由 B、C、D 三个国家然后回到 A 国"的路线图和"从 A 国出发，经由 B 国最终到达 C 国"的路线图。框中的数字表示"在此点交汇的线条数"，也代表了在那个国家盖章的数量。

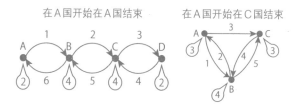

其中，路线图中的顶点根据所连接的线条数被分为奇点、偶点。

如果将上面的一笔画图形和前文的路线图作比较，你会发现：

在一笔画的图形中，要么"所有顶点都为偶点"，要么"只有两个奇点，其余均为偶点"。当"所有顶点都为偶点"时，起点和终点为同一地点；当"只有两个奇点"时，必然会从一个奇点出发，在另一个奇点结束。除此之外，其他情况都不能一笔画出，例如下图。

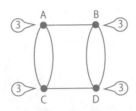

　　假设能一笔画出这幅图，在这个路线图中旅行的人，就会在A、B、C、D这四个国家都得到奇数个的章，这是不可能的。

　　"护照上的章"和"一笔画"，这两件看起来毫无关系的事却有着紧密的联系，这太有趣了。它们的背后蕴藏着的是最基础的数学奇偶原理。

跑步、广播和鸡尾酒

我喜欢跑步时听广播已经很长一段时间了。虽说只是"在跑步时听一听录好的广播",但经历过一边听录音,一边跑步或散步的人,或许能和我有相同的感受。

当在其他地方再一次听到曾经听过的广播时,我们听广播的记忆便涌现出来。随着广播的播放,会记起"原来我都走到这个路口了""我当时在这个便利店纠结买什么好"诸如此类几乎被遗忘的细节。

随着熟悉的声音,回忆不断涌现,心情也莫名地变得不可思议起来。偶尔只是为了回味一下这种心情,我就会把好几年前的广播再听一遍。

曾经一边跑步一边听着过去的广播,从DJ(电台流行音乐节目主持人)的台词里,回想起过去听这段话时的地点,那个地点竟然就是我此时此刻所在之处。这简直是奇迹般的偶然啊!

但是,再仔细一想,我又注意到了这样的事:

虽然"听着同一个广播的同一个片段时,恰好处在同一个地点"看起来像是奇迹。但事实上,在我的经历中,这难道不是一件"的的确确会发生"的事情吗?

跑步时,我总是习惯在同一条路上来回跑。

假设我们可以隐约看见那个听着相同广播、跑着步的"曾经的自己"，就像赛车游戏中和"幽灵车①"一样。

那个"幽灵车"可能会跑在我的前面，也可能会追在我的后面。

不管怎样，如果真实的我和曾经的我在同一路线上跑步，那么这两个人一定会在某处"相遇"吧。

那个相遇的时刻，正是"听着同一个广播的同一个片段时，恰好处在同一个地点"的瞬间。

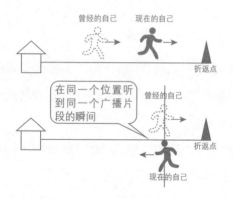

这么想可能更容易理解，"将路线在折返点处如镜像翻转般笔直向前延伸"。

那么如果将"真实"的自己，看作正在从家 A 到家 A' 的方向奔跑。同时，将"曾经"的自己看作正在从家 A' 往家 A 的方

---

① 赛车游戏会自动保存玩家最佳比赛记录，并以半透明的"幽灵车"形态出现。

向奔跑的话，显然，这两人将会在某处相遇。

"在同一条路线中相向而行的两人终将在某处相遇"，这种理论在数学中被称为"中间值定理"[①]。

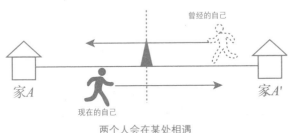

两个人会在某处相遇

用更正式一点的话来说，就像是我们走在一条路上，有时走在自己前面的人，会偶尔落在自己后面。但只要那个人没有瞬间移动的特异功能，我们将会在"中间"的某一处和这个人相遇。

虽然相遇是肯定的，但是对于何时何地会相遇却一无所知。这也就是典型的"存在性定理"的表现之一。

说到"中间值定理"，这让我想起数学系友人曾说过的话。有些鸡尾酒的浓度并不是很平均。也许是因为比重的不同，杯子底部的酒更浓，而杯子上方的酒则更淡一些。我们通常每次要搅拌一下再喝，但是他却认为："根本不用搅拌就能喝到浓度平均的鸡尾酒"。

操作方法如下：因为玻璃杯中鸡尾酒的浓度是自上而下有

① 中间值定理，即介值定理。

层次地渐渐变浓的，既然如此，根据
"中间值定理"，其中的某个位置会正
好拥有"平均浓度"。

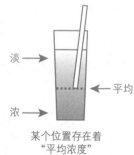

某个位置存在着
"平均浓度"

首先，将吸管插入到那个位置，
饮用少许鸡尾酒。

虽然鸡尾酒的浓度分布会因饮用
量而发生改变，但在某个位置依旧存
在着"平均浓度"，所以将吸管移至此处，继续饮用。

像这样，只要每喝一些鸡尾酒就稍微调整一下吸管的高度，
直至喝到最后一口，也能让喝下的鸡尾酒保持"平均浓度"。

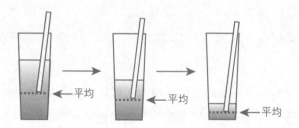

我认为他的观点完全正确。只是如果需要付出这般努力的
话，是不是搅拌着喝能更快一些呢？当然我最终没有说出这
句话。

坐扶梯时"空出一侧"真的有用吗

在日本地铁乘坐自动扶梯时，大家总会自觉地站在左侧，而把右侧空出留给赶时间的人。

"左立右行"并不是地铁公司制订的规矩，相反他们经常呼吁：禁止在扶梯上任意走动，以免发生意外。

尽管如此，一旦有人在扶梯的通行侧停下脚步，就会察觉到周围异样的眼光，他们仿佛在说"这个人太不懂规矩了"。特别是上下班高峰时，经常看到这种情景：即使电梯的站立侧已经排了很长一列，而通行侧上的人却寥寥无几。

于是我常常会纳闷，"这样明明更不方便啊"。

我们先把在扶梯上走动的"危险性"放一边，仅从"运输效率"的观点出发去论证"将扶梯的一侧空出，是否真的能实现众人的利益"。

高峰期在地铁站的扶梯处经常可见的场景

为了便于说明，如p42的图所示，我们把一个扶梯想象成两个单人宽的扶梯。

那么问题来了，是两个扶梯都用于站立的运输效率更高，还是一个用于行走、一个用于站立的运输效率更高？

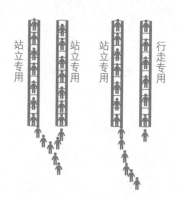

站立专用　站立专用　站立专用　行走专用

首先比较一下，在扶梯上行走的速度，比在扶梯上站立不动要快多少?

我用秒表在家附近的地铁站测试了一下，测试的扶梯是标准长度。乘扶梯时，从踏上扶梯到走下扶梯的通行时间为:

站立不动时→ 23.3 秒

通行时→ 11.1 秒

这个数据虽然会因扶梯的长度、走路的速度而改变，但是在扶梯上行走的速度大约是站立不动速度的两倍。

在这里我们大胆地"替换"一下，将车站看作"水槽"，人看作"水"，扶梯看作"排水口"。

这就相当于，我们将用扶梯运输乘客这件事，类比为"排出水槽中的水"。

这样的思考方式被称为"模型化"，合理的模型化有助于对事物本质的理解。

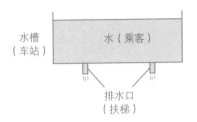

把"站立专用"的扶梯看作"小排水口","行走专用"的扶梯看作"大排水口",根据刚才的实验结果,"大排水口"的排水能力是"小排水口"排水能力的两倍。

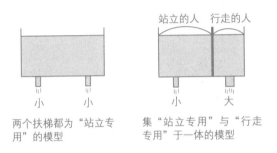

两个扶梯都为"站立专用"的模型　　集"站立专用"与"行走专用"于一体的模型

那么,两个扶梯都为"站立专用"的模型就是一个水槽附带两个"小排水口"。

两个扶梯分别为"站立专用"和"行走专用"的模型是一个水槽被隔板隔开,一侧为"小排水口",另一侧为"大排水口"。

隔板的位置由"想站立的人"和"想行走的人"的人数比决定。此处我们假设"想站立的人"是"想行走的人"的两倍。

那么测试一下,这两个水槽中最先排完所有水的是哪个?为了方便计算,我们将水槽的水量设定为 120 升,小排水口的排水量设为每秒 1 升，大排水口的排水量设为每秒 2 升。

第一个水槽有两个每秒能排 1 升水的排水口，所以排水量为每秒 2 升。要排空 120 升的水，需要用时 60 秒。

再来看第二个水槽。因为水槽内部的占比为 2∶1，所以隔板左侧的水量应为 80 升，右侧水量为 40 升。左侧的排水量为每秒 1 升，右侧的排水量为每秒 2 升，因此在排水开始 20 秒后，只有右侧的水槽会变空。这时左侧的水槽中还剩 60 升水。

随后只剩左侧的排水口在排水，排完所有的水还需要 60 秒，加上最初的 20 秒，第二个水槽排完所有水的时间合计为 80 秒。

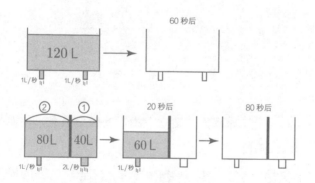

排空第二水槽竟然比排空第一个水槽多花 20 秒。这主要是因为右侧的水槽排空后，就不能继续使用大排水口，从而造成了浪费，导致排水效率变差。

总而言之，这个实验表明"将扶梯的两侧都设为'站立专用'更能提高运输效率"。

只是因为这个简单的实验就呼吁大家不要将扶梯一侧空出

来，固然有一些草率。

上述实验中把"想站立的人"和"想行走的人"的数量设置为 2：1，假设调整该比例为 1：2，那么第二个水槽用时 40 秒即可将水排空，此时排水效率比第一个水槽高。

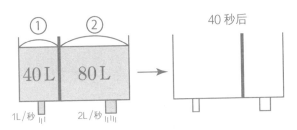

另外，对于"分秒必争"的人来说，晚几秒可能会成为大问题；相反对于完全不着急的人来说，晚个一两分钟也没有什么关系。

在这两种情况混杂的状态下，就算很多时候扶梯一侧因为负重而嘎吱作响了，人们也会空出另一侧，这也确实合情合理。

所有的桥都只经过一次

在普鲁士的柯尼斯堡（今俄罗斯的加里宁格勒），有一条河流经该市，围出一个河心岛。这座城市被河隔成了四块，它们之间架起了七座桥。

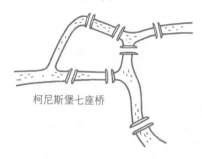

柯尼斯堡七座桥

那么让我们一起思考一个问题：我们能否走过所有的七座桥且"同一座桥只经过一次"。

将被河隔开的四块陆地命名为A、B、C、D，桥分别连接着两块不同的陆地。如果通过其连接方式将这个问题抽象化，把陆地当作一个顶点，而那七座桥就是连接顶点的线，就可得到右下图。

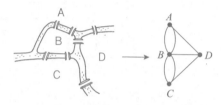

将陆地当作顶点，桥当作线条

直觉敏锐的读者应该已经注意到了，所谓的"同一座桥只经过一次"，其实就是把这幅图用"一笔画"表示出来。在 p35 的"一笔画问题"中解释过的原理就和这里的问题关联起来了。这幅图中顶点为奇点的有四个。

　　可以一笔画出的图形，奇点只能有两个，因此这个图形无法一笔画出。所有的桥都只经过一次的路线是不存在的。

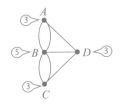

第 2 章

受用一生的数学故事

生活中的算法

什么是算法？简而言之，算法就是"为了实现某个目的而展开的一系列步骤"。算法是一套包含了条件转移、循环以及结束条件等的"复杂化流程"。

"条件转移"是指由某个"条件"是否成立，来决定下一步的行动。

例如，假设有个人平时都是骑自行车上学，但下雨天需要乘坐公交，为此，他必须比平时早10分钟出门。

他在早上7点被闹钟吵醒后，只要没有听到下雨声就能再睡10分钟。但只要一下雨，他就必须马上起床为出门作准备。由"下雨"这个条件是否成立，决定下一步行动的，就是"条件转移"。

用流程图表示如下：

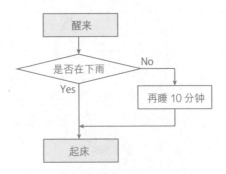

　　"循环"是指不断重复做同一件事的步骤。在配送报纸的工作中，有一项业务是"夹传单"——将报纸放在自己面前，同时在右手边放上当天的宣传单；接着用左手翻开报纸，右手放入传单；再把夹好传单的报纸放在左手边，不断重复这一动作。

　　然而，这个算法还不完善，因为并没有写清楚这个操作"何时才能结束"。为了能让循环结束我们会设置"结束条件"。如果没有"结束条件"，"循环"将会无限地进行下去。

　　在这个例子中，"循环"是在"没有报纸或传单"的时候结束。我们将这个条件添加到流程图中试一试。

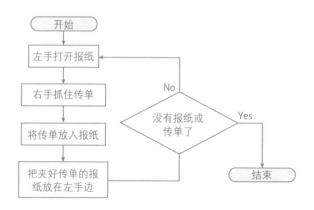

　　接下来看看"包含条件转移的循环"。只要是商务人士，早晨上班后打开邮箱，有好几十封未读邮件是司空见惯之事。

　　他们逐一查看邮件时，往往需要进行分类：如果是垃圾邮件就删除，急需回复的邮件就立刻回复，不急的邮件就保留。这样的操作换成算法就如 p52 的图所示。

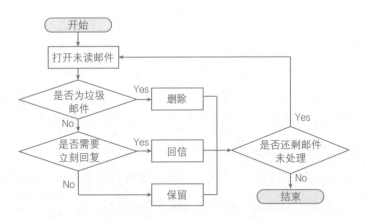

"工作能力强"的人大多数都会无意识地将所有的工作"算法化"。

算法是为了实现某个目标，而对简单情况进行循环判断的步骤。因此，在某种意义上它与"减少思考"有关。

将日常工作算法化，是为了"尽量不动脑筋就完成工作"而下的功夫。

高效参观大型
美术展览馆的方法

我不擅长逛美术展览馆。

可能有人会认为我不擅长的原因是美术展览馆过于安静了，稍微清下嗓子就能响彻整个空间；或是即使看到奇怪的作品，也因来自同伴的压力，不得不用一幅"原来如此"的表情点着头表示认同。这些都会让人感到不自在。

其实并非如此。进一步说，这甚至都不是美术展览馆的问题，问题的根源在我某种纠结的性格上。

只要去像美术展览馆那样有很多连续小房间的地方，我就被自己的"完美主义"思想驱使，想要"不留遗憾地去参观每一个房间"。担心是否有没走到的房间，担心是否有漏看的过道……只要有这些担心，我就根本无法认真欣赏展品。

这个癖好一定是来自我从小就喜欢的电脑游戏——迷宫探索。在游戏中，主人公会进入地下迷宫，为了守护世界和平，打倒等待在最深处的boss（头号敌人）。

地下迷宫的所有房间都藏有宝箱，那里装有钱或贵重的物品，一旦错过再回来取就要费一些功夫。

这里发生了不可思议的反转。在迷宫探索中，比起"历经千辛万苦到达boss的房间"，"参观所有的房间"是更为重要的事。

假如道路被分成了两条，你需要选择其中一条继续前进。两条路分别通往A（前方没有路的房间）和B（前方还有路的房间），哪条路更好呢？

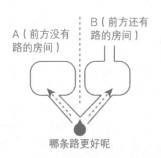

大多数的人都会认为应该前往B，但我的答案却恰恰相反。A让人安心得多，为什么会这样呢？我们可以用**"全探索算法"**的观点来说明。

例如，有如下图的迷宫，用道路连接着几个房间。手上没有地图的探索者要根据什么样的算法（步骤），才能一个不落地参观所有的房间？

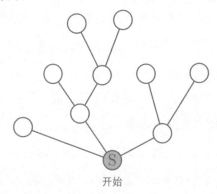

基本有两大搜索方法。

一个被称作"深度优先搜索",即先前进到能去的地方,当无法继续前进时退回到上一个岔路口。如果有两个以上分支就按照"右侧优先"的规则前进。

现在让我们按照这个方法开始实际参观,首先从 S 开始只朝着右边的道路前进。

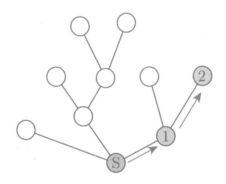

如果走到了尽头,就返回到上一步,继续寻找未到达过的房间;如果还有未到达过的房间,就继续前进,直至尽头。

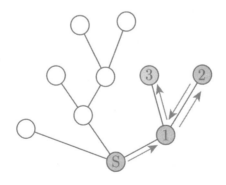

重复这个步骤,依据这个算法,就可以按照 p56 的图的顺序参观完所有房间。

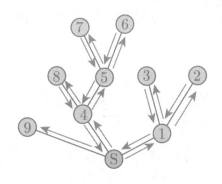

算法的作用之一就是"减少需要思考的事"，在这一点上这个算法可谓相当优秀了。

站在探索者的立场，要记住的只是"进入某个房间后，逆时针环视房间，朝着第一个进入视线的岔路口前进（没有岔路口的话就返回）"。只要遵守这个规则，探索者就可以不假思索地参观完所有房间。

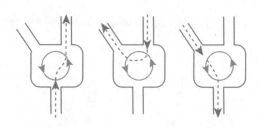

然而，将这个规则运用于迷宫探索游戏时却存在着致命的缺陷。重新审视最上面的图，你就会发现参观某些离起点很近的房间要晚于最深处的房间。

为什么会发生这种情况呢？这是因为深度优先搜索正如其

名，它会优先"往深处去"。

玩家可能会遇到游戏中最悲惨的结局：还未完成搜索，就找到了 boss 所在的房间。

"哈哈哈！你终于找到这个房间了。"boss 兴致勃勃地说着开场白。

而玩家一边感叹"相遇得还不是时候"，一边无奈地凝视着 boss。这场相遇对于两者而言，都是不幸的。

此时，我们需要用到另外一个算法——广度优先搜索，即从离起点最近的房间开始依次探索。将最开始的房间 S 设为"深度 0"的房间。从"深度 0"的房间开始，参观所有能参观的房间，即下图中的①、②、③，将这些房间设为"深度 1"的房间。

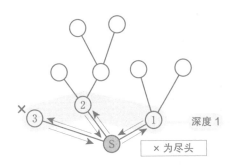

接着，从"深度 1"的房间开始，参观所有能参观的房间。

由于已经知道房间③是尽头，所以先去探访房间①和②即可。这样一来也设好了"深度 2"的房间，即④、⑤、⑥、⑦。

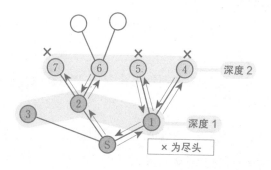

然后，从"深度2"的房间开始，参观所有能参观的房间。由于已经知道房间④、⑤、⑦是尽头，所以先去探访房间⑥即可。这样一来，⑧、⑨即是"深度3"的房间。

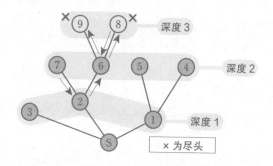

房间⑧和⑨都是道路尽头，所以参观到此为止。广度探索的特点就是在不出错的同时逐步向深处前进，这个方法很适合迷宫探索这个游戏。我在游戏中基本上都采取这个方法。

但是这个做法也有缺陷。深度优先搜索基本不需要玩家记住什么东西，但广度优先搜索则需要记住"已经参观过哪些房间""前方是否还有道路"等信息。

这就像在"吞噬大脑的记忆"，需要记住的房间越来越多，大脑的压力也越来越大。

此时"尽头"就变得尤为重要。如果参观过的房间已经是尽头，就没有必要把它放在脑海里，从而会释放大脑的一部分记忆，让大脑从压力中获得解脱。对"尽头"产生安心感的构造就是这样来的。

想来人脑是能在从负荷中解放时感到"快感"的器官。一旦被那种快感所迷惑，人们就会自发地为大脑增加负荷。

就这样，"探索脑"形成了，当在类似于美术展览馆之类的场所时你就会启动它。只要发现偏离参观路线的小展示厅，就一定要走过去看一眼；发现有近道也一定会探探路，直到走到卫生间或逃生出口才能安心。

于我而言，我遇到过的最复杂的美术展览馆迷宫是巴黎的卢浮宫博物馆。它有上百个房间，房间里还有很多层，每层还有很多个展馆。花一整天去逛，一大半的大脑都被"全探索"占据了。

最终在我脑海中留下深刻印象的既不是《蒙娜丽莎》，也不是《萨莫色雷斯的胜利女神》，而是卢浮宫博物馆的地形图。

积土……真的能成山吗

　　生活中既有像汽车、电话和音乐播放器这样因日新月异的技术革新而不断改变外形的产品，也有像伞这样几乎几百年都未变样的产品。由此可见，有的产品虽然简易但一旦成型便难以再有创新。

　　我从小学开始，就经常听到人们抱怨某个工具："这个就不能再快点改进下吗？"他们说的"工具"就是"簸箕"。

　　将堆好的垃圾，用扫帚一下子扫入簸箕。本以为都扫干净了，但是举起簸箕后却发现，沿着簸箕外侧的那条线还残留着少量垃圾。

　　没有办法，只好再放下簸箕，用扫帚将垃圾再扫一遍。再举起簸箕时，发现还是残留了一点垃圾，到底何时才能扫干净？

这里残留着垃圾

　　假设用扫帚扫一次，能够将90%的垃圾扫入簸箕，剩下的10%留在地板上。

　　把最开始的垃圾量设为1，第一次清扫将0.9的垃圾扫入了簸箕，剩下0.1的垃圾留在地板上。

　　再扫一次的话，会将0.09的垃圾扫入簸箕中，剩下的0.01留在地板上。

继续扫一次，就会剩下 0.001 的垃圾；再扫一次，又会剩下 0.0001……那么垃圾就会不断地被留在地上。

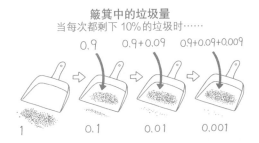

簸箕中的垃圾量
当每次都剩下 10% 的垃圾时……

然而，我们能够从中发现一些有趣的数学事实。让我们把注意力从地下的垃圾转移到簸箕里的垃圾上。假设这个工作会永远地重复下去，第一次清扫的垃圾量是 0.9，下次扫的话是 0.09，接下来是 0.009……每次的重量会减少 10%，但簸箕中会增加无限"次"的垃圾。

簸箕中的垃圾重量会无限增大吗？并不。我们做的事情只是在将最初重量为 1 的垃圾进行细分，所以即便簸箕中的垃圾量非常接近于 1，也不会超过 1。换言之，会成立如下的数学公式：

$$1=0.9+0.09+0.009+0.0009+\cdots$$

右边的是无限数之和，但它的结果却是有限的值。虽然有一句谚语叫"积土成山"，但是簸箕中的"尘土"绝不会变成山。

无限的重复并不会带来一个无限大的结果，这个事实让我觉得有些不可思议。

看着人们从手中抛出的篮球在体育馆的地板上弹跳，大家有没有思考过这样的问题：

从某个高度抛下的球，落下之后会反弹到原来高度的几分之几。接着再次落下，又弹起到上一次高度的几分之几。球弹起的高度虽然渐渐变低了，但是理论上，这个球弹起的次数是无限次的。

如果有理想的地板和球，球会在地板上永远地弹跳下去吗？

篮球能"无限"弹跳吗

这个猜想只对了一半。虽然理想状态下，球会在地板上进行无限次跳动，但这并不代表它能在无限的时间里跳动。

假设球回弹到了最初高度的 $\frac{1}{4}$，即从高度 1 落下的球，弹回到高度为 $\frac{1}{4}$ 的地方。

接着，从高度 $\frac{1}{4}$ 的地方落下的球，弹回到高度为 $\frac{1}{16}$ 的地方。虽然高度在逐渐变小，但是弹跳确实在无限次地继续。

然而，大家还需要注意球弹回所需的时间也在变少。根据物理计算，本次球弹回的时间是上次所需时间的 $\frac{1}{2}$。

假设第一次过程需要 1 秒，下次过程所需的时间即为 $\frac{1}{2}$ 秒，再下次的时间即为 $\frac{1}{4}$ 秒……以此类推。

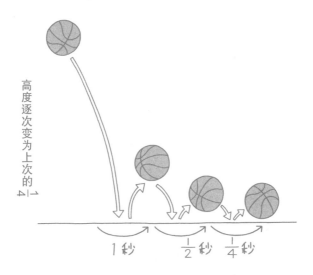

每次到达顶点的时间为上次的 $\frac{1}{2}$

也就是说，计算球的全部弹跳时间可列出下列算式：

$$1 + \frac{1}{2} + \frac{1}{4} + \frac{1}{8} + \cdots$$

无限个数字相加，结果可以是个有限值。

从结果来看，上面算式之和是 2。即：

$$2 = 1 + \frac{1}{2} + \frac{1}{4} + \frac{1}{8} + \cdots$$

也可像 p64 的图一样，想象一个面积为 2 的长方形，每次分割的面积都为上一次的一半，这样想是不是更容易理解了？

面积为 2

分割面积为 2 的长方形，每次分割的面积都为上一次的一半

由此得出的事实，远比前文中簸箕的例子更让人难以接受。球在 2 秒的有限时间内，"结束"了无限次弹跳。

这让我想起曾经在某科幻小说中读过的神奇片段：人在弥留之际会分割寿终前的时间。

把 1 秒当作 1 秒感受的生物钟突然开始加速，将 $\frac{1}{2}$ 秒当作 1 秒，接着把下一个 $\frac{1}{4}$ 秒当作 1 秒，再把下一个 $\frac{1}{8}$ 秒当作 1 秒……直到 2 秒后心电图响起"哔"的一声。在医生宣告"即将离世"之前，那个人保全了"无限"的人生。

虽然故事是虚构的，我却觉得有理有据，让人信服。当我们"无限"地让思绪飞驰时，甚至能从中领悟到一些生死观。这或许就是在"有限"的生命里，活着的我们的天性使然。

偶尔用簸箕收拾垃圾的时候，试着让脑袋放空一下好像也不错。

香槟塔的不公平现状

将高脚杯垒成金字塔状，接着向最顶端的杯里倒香槟，从杯中溢出的香槟会依次流入下方的杯中，最后差不多能让所有的高脚杯都装满香甜的香槟，这就是华丽派对上人们的"气氛担当"——香槟塔。

我曾经见过有人用香槟塔来解释一个叫名为涓滴效应（trickle-down）的经济学理论。

"trickle-down"的意思是"滴落"。"涓滴效应"就是指当富人获得收益后，会把他们的财富向下分散，最终惠及穷人。这种情况在香槟塔中就被比作香槟的流动。

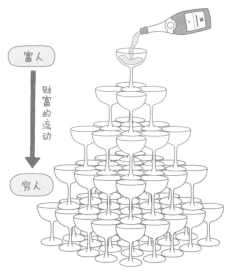

这显然是一个非常有利于富裕阶层的理论，但解释这个理论时却用了与平民几乎绝缘的香槟塔，简直是黑色幽默。

听完这一解释，我不禁产生了一些疑问：在这个香槟塔中，向最顶端的高脚杯里持续注入香槟，真的能让所有的杯子都盛满香槟吗？

验证这个问题，既不需要用到高脚杯、香槟，也不需要一个充当"气氛担当"的朋友，只需纸和笔就能制作数学"模型"。

为了简单说明，我们把高脚杯如下图所示，从上开始依次按照1个、2个、3个、4个、5个、6个的顺序排列成三角形。

假设"从高脚杯中溢出的液体会均匀地流到左右两边的杯子"，我们可能会注意到，实际的高脚杯是立体地排列在一起的而非"平面"，或者任何一个高脚杯都有可能洒落一些液体等问题。但是，建立数学模型的重点就是忽视细节，简化问题。

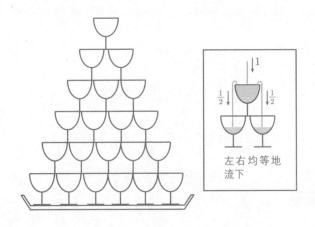

这样一来，我们就可以用数值来表示香槟的流动。将各个高脚杯的容量看成 1，向最顶端的高脚杯中注入分量为 5 的液体，让我们来观察一下液体会如何流入各个杯中。

首先，5 份中的 1 份会流入最顶端的高脚杯。剩下的 4 份会均匀地流入下方左右的杯中，也就是每个杯中分 2 份（图 1）。在第二层，2 份中的 1 份会流入高脚杯，剩下的 1 份会流到下方的左右两个杯中，即各分 $\frac{1}{2}$ 份（图 2）。

那么在第三层会发生什么事呢？请各位看好了。两侧高脚杯中的液体都是 $\frac{1}{2}$，同时中间杯中的液体是上方两个高脚杯溢出的液体合流而成，即为 $\frac{1}{2}+\frac{1}{2}=1$（图 3）。

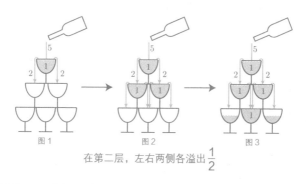

图 1　　　　　　　　图 2　　　　　　　　图 3

在第二层，左右两侧各溢出 $\frac{1}{2}$

结果，正中间的杯子中的液体量为两侧杯中的两倍。

此时，我们已经能观察到"液体最容易集中在正中间"的倾向了，其实这个倾向越往下层走越显著。我们也可以考虑向六层的香槟塔里注入 15 份香槟。比起用高脚杯的画面解释，使用图表来展示，效率更高。

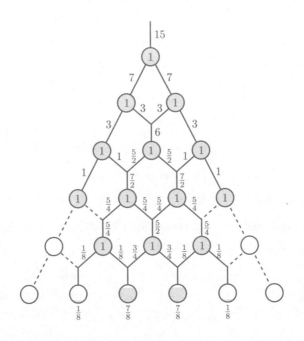

　　结果如你所见，到第四层为止所有的高脚杯里都装满了液体，但到了第五层，两侧的高脚杯就完全接不到液体了。不仅如此，到第六层时，液体大多都集中在了最中间的两个杯里。

　　结论已经很明显了：香槟不会均匀地流入所有杯中。

　　试着思考一下，若想使六层的香槟塔中所有的杯中都盛满液体，需要向最顶端的高脚杯里倒入多少香槟呢？

　　由于液体很难流入到两侧的高脚杯中，所以只要液体能够装满最下层两侧的高脚杯，那么它就能流入所有的杯中。

　　这里想让大家注意到的是，流入某侧高脚杯的液体量，应为它上方杯中的液体量"减去 1 后除以 2"的值。

　　从这里开始进行逆向推算，假设流入最下层一侧的高脚杯中的液体量为 1，那么流入它上方杯中的液体量应为"乘以 2 后加 1"的值。

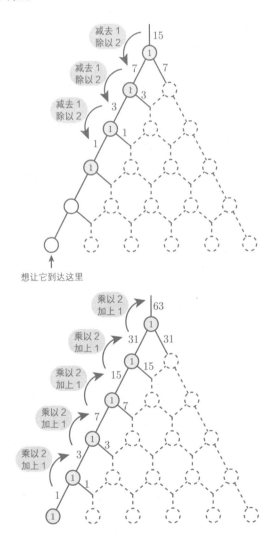

想让它到达这里

如此重复计算，最后会发现如果想装满所有的高脚杯，就要在最顶端的高脚杯里倒入 63 份香槟。

　　而高脚杯的个数仅为 1+2+3+4+5+6=21 个，所以 63-21=42 杯，也就是说 $\frac{2}{3}$ 的香槟都被浪费了。这效率太低了！

　　不过我希望大家思考一下。

　　最常出现香槟塔的场所其实是酒吧。让客人点高价的香槟，然后伴着大声起哄，开始从最顶端的高脚杯倒入香槟。

　　这个活动的目的当然不是"效率"，而是赤裸裸的"浪费"。

　　从这个角度来看，香槟塔成为一种铺张浪费的形式，是有道理的。

"贫穷性质"的香槟塔

在前文中，我们已经明白香槟塔不过是一种浪费香槟的金钱游戏。像我这种连咖啡机滴出的最后一滴咖啡都会犹豫是否要舍弃的人，可实在舍不得享用香槟塔。

不过，能不能想办法制造出一个"不浪费任何香槟的香槟塔"呢？

将它命名为"终极贫穷香槟塔"，虽然并不知道什么地方才会有这样的需求，但是认真地考虑毫无用处的东西是我们的特权。

为了达成目标，我们可以试着简化前文中创造的香槟塔模型。前文中我们讨论的香槟塔中的"高脚杯容量为1"，这次我们干脆假设"高脚杯的容量为0"。如果容量为0，那么这个容器甚至可以不是高脚杯。

如p72的图所示，排列好三角形板，想象液体在三角形的顶端处被平均分配给左右两边。如同瀑布一样，水流在遇到了小石子后被一分为二。

可能大家会疑惑，这里明明没有高脚杯，为何还要称之为"香槟塔"？在这里我们只需要将注意力放在"液体的分流方式"上即可。为了专注于某件事，大胆地忽视除此之外的一切，也是数学中的重要思考方式。

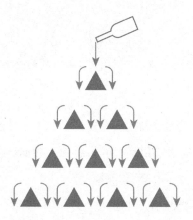

言归正传，我们向最上方的三角形倒入分量为 1 的香槟。因为没有高脚杯，液体便不会在任何地方停留，始终向下流动。在这里我想知道，液体在各个阶段是按照怎样的比例分配的。

首先，第一层的 1 份液体会被分成两个 $\frac{1}{2}$（见 p73 图 1）。第二层的 $\frac{1}{2}$ 份液体又会被分成两个 $\frac{1}{4}$。正中间是由两个方向流出的液体汇合而成的，所以第二层的液体被分流成了 3 份（见 p73 图 2）。液体量为：

$$\frac{1}{4} : \frac{1+1}{4} : \frac{1}{4} \text{ 即 } \frac{1}{4} : \frac{2}{4} : \frac{1}{4}$$

虽然 $\frac{2}{4}$ 能被约分为 $\frac{1}{2}$，但是在这里我特意保留了约分前的书写方式。

第三层同理。$\frac{1}{4}$ 的液体被分成了两个 $\frac{1}{8}$，$\frac{2}{4}$ 的液体被分成了两个 $\frac{2}{8}$，如果考虑到液体汇合的部分，这个分流方式为：

$$\frac{1}{8} : \frac{1+2}{8} : \frac{2+1}{8} : \frac{1}{8} \text{ 即 } \frac{1}{8} : \frac{3}{8} : \frac{3}{8} : \frac{1}{8} \text{（见 p73 的图 3）}$$

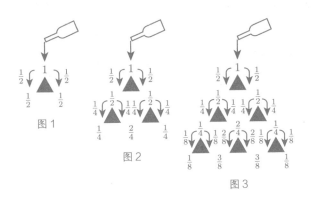

规则渐渐变得清晰了。按照"将上方的两个数字分别乘以
$\frac{1}{2}$ 后再相加（如果只有一个数字，则只用它乘以 $\frac{1}{2}$）"的规则排
列下方数字。如果在不约分的情况下表示分数的话，这个操作
会变得更简单：

上方两个数字的分子相加，分母乘以 2（如果只有一个数
字时，只用分母乘以 2 即可）。

只要明白了要领，这就变成了机械化的操作。遵循这个规
则，把数字排列到第六层时就能得到如下图所示的数字金字塔。

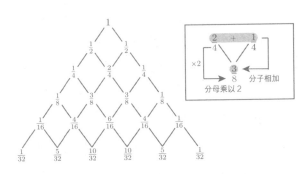

数字金字塔（p73）显示了当给顶端注入分量为 1 的香槟时，液体在各层是如何被分配的。为了更简单地呈现分配比，我们将分数中的分子单独取出并进行排列，结果如下：

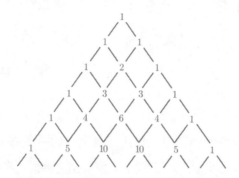

我们说过在香槟塔中越往下层走，液体越容易集中于中间。这种倾向在上面的金字塔数列中更加明显。

比如，第四层液体的分配比例为"1：3：3：1"，中间汇合的液体是两端的三倍；到了第六层，分配比例变为"1：5：10：10：5：1"，中间汇合的液体是两端的十倍。

实际上，这个金字塔数列就是著名的"**杨辉三角**"（也称帕斯卡三角）。

从顶端的单个 1 开始，下面一行中的每个数字都是上面两个相邻数字之和（当上面只有一个数字时，下面的即为此数字）。

好了，让我们回归正题。

从结论上来说，想要不浪费香槟，只用将高脚杯的容量设置为杨辉三角即可，用插图可视化后，即为 p75 的图片。

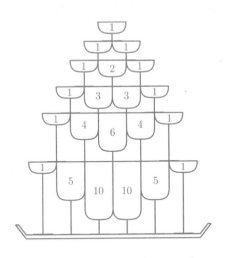

为何这样就能搞定呢？让我们一起看看。

用液体填满顶上的高脚杯。这里的要点是"装满液体的高脚杯"和"容量为 0 的高脚杯"相同，也就是与 p72 所示的"三角形板"的动向一致。

根据杨辉三角的原理，向第二层流出的液体的分量比例为 1：1，准备好与其相对应容量的高脚杯，就能让第二层的两个高脚杯同时装满液体。

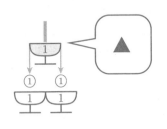

当第二层的高脚杯都装满液体时，它们的动向与三角形板相同，按照杨辉三角的原理，向第三层流出的液体分量比例为 1：2：1。

在下方准备好对应容量的高脚杯后，第三层的三个高脚杯就能同时被倒满液体。第三层之后的情况以此类推。

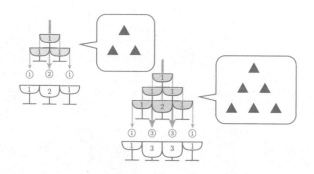

总之，只要根据杨辉三角原理设定高脚杯的容量，各层的高脚杯就会被同时倒满液体且不会溢出，也就不会造成浪费。

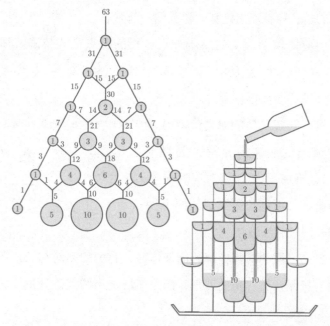

这个高脚杯六层塔的容量总和为63，与倒满普通香槟塔中

所有高脚杯所需的香槟量是相同的。我们试着用与前一节相同的图表将注满 63 杯香槟的结果展示出来（见 p76 下图）。

　　液体均匀倒入所有杯中的场景实在是让人爽快。在前一小节的文章开头提过的经济学中的涓滴效应，应该也会很中意这个模型。

　　虽然我只是因为一点点好奇心和与生俱来的贫穷本性才开始的研究，却未曾料到最后和真正的数学知识联系起来了，实在是愉快至极。

墓地附近交通事故多发的理由

国王："最近我们国家因为中暑而被送往医院救治的患者变多了，其中原因你可知道？"

大臣："臣在！相关部门竭尽全力调查后，终于查明了原因。"

国王："究竟是何原因？"

大臣："是因为冰激凌。"

国王："什么？食用冰激凌竟然会导致中暑，简直难以置信。"

大臣："的确是让人难以置信，但我们有确凿的证据。这张图记录的是近 30 日内冰激凌销量和中暑人数的相关数据，请您过目。在冰激凌大卖的日子，中暑人数增加了。这是毋庸置疑的事实。"

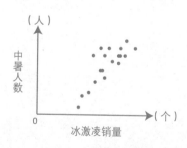

国王："事态很严重啊，立即着手制定禁止贩卖冰激凌的法

律吧。"

大臣："遵命，臣马上就去安排。对了，还有一个重要的数据……"

国王："是什么？"

大臣："接下来给您看的是关东煮销量和中暑人数的相关数据，请过目！在关东煮销量高的日子，中暑人数明显较少。"

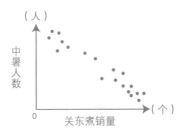

国王："这是怎么一回事？也就是说关东煮是防中暑的特效药吗？"

大臣："正是如此。"

国王："那么，下令让公益广告机构制作出呼吁人民夏天吃关东煮的广告吧，宣传'吃了关东煮，夏天不中暑'。"

这是在虚构王国中发生的虚构故事，当然，数据也是虚构的。

好了，想必各位已经明白：即使大臣上交的数据没有半点虚假，但他推导出的结论并不正确。中暑人数的增加也好，冰激凌销量的上升也罢，本就是因为"炎热"。所以在"冰激凌销量"增加的日子里，"中暑人数"上升是理所当然的事。

一方增加，另一方也增加（或减少），我们把这样的关系叫作"相关关系"。一方为原因，另一方为产生的结果，我们把这样的关系叫作"因果关系"。

即使A与B这两件事之间看起来有"相关关系"，也不能说A与B就有"因果关系"。正如刚才的例子，如果A与B这两件事都是由共同的原因C引起的，A与B即表现为相关关系。

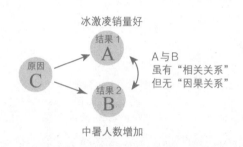

如果将A与B的关系错判为"因果关系"，那就会像本节开头的笑话一样，推导出毫无道理的结论。

千万不要认为这是简单的笑话！从民间的传闻到学术的理论，由于自以为是而将"相关关系"错认为"因果关系"，从而推导出错误结论的事情不胜枚举。尤其是"基于准确数据"而得出的错误结论，性质更为恶劣。

大家有没有听说过这样的故事：某地频发交通事故，经调查后发现，那个地方竟曾是墓地。这是常见的都市传说的类型。

不过实际调查后就会发现，交通事故频发之处曾经是墓地的例子貌似相当多。

但关于这一点能这样解释：一方面，墓地周围的土地原本就很便宜，所以在其附近修路并不难；另一方面，修路时会刻意避开很古老的墓地，这就会使不合理的弯道变多。

由于急转弯容易引发事故，所以我们最后就会认为事故总是发生在墓地附近。

当然，这或许并不能解释一切。但是，我在这里想强调的是，将相关关系轻易地与因果关系联系起来是很危险的，是否有因果关系需要极其谨慎地讨论后才能得出结论。

人对数据的意志力是很薄弱的。只要被数据包装过，无论多难让人相信的事情也会变得可信。

在这个信息化的时代，我们需要铭记：就算是正确的数据有时也可能引导出错误的结论。特别是当怀有恶意的人巧妙地使用数据时，可能会故意诱导出错误结论。

统计数据其实在骗你

在日本，宣传安全驾驶的手册里有这样的表述：

"在因交通事故造成的伤亡事件中，四成以上都是因为未系安全带。"

看到这句话时，我感到十分意外。因为我一直觉得安全带能在事故发生时保障我们的安全，所以在因交通事故导致的死亡案件中，未系安全带的死亡人数应该更多。

但事实却恰恰相反——在因交通事故导致的死亡案件中，系了安全带的死亡人数竟然超过了未系安全带的。这样的结果岂不是让人质疑安全带的有效性吗？

其实，上述结论完全是我们的错觉。

手册中展示的因交通事故而死亡的人的比例

我们应该注意到，大部分人在驾驶时都系了安全带，但"因交通事故导致的死亡人数"中却有四成未系安全带，从这一点来看，安全带无疑是有效的。

具体而言，我们可以用数值来证明一下。根据日本警察厅[①]的调查显示，安全带的使用率（仅限于前排车座）为95%。

[①] 警察厅是日本掌管警察行政事务的中央行政机关。

即 1 万名司机里有 9500 人系了安全带，剩下的 500 人未系安全带。

假设在这 1 万人当中有 10 人因交通事故而死亡，根据文章开头的数据可以得出，有 6 人系了安全带，4 人未系安全带。

接着我们把司机分为"系了安全带的小组"和"未系安全带的小组"，比较一下两个小组中各自因交通事故导致的死亡人数比值。

系了安全带的小组中，因交通事故导致的死亡人数比值为：

$$\frac{6}{9500} \approx 0.00063$$

未系安全带的小组中，因交通事故导致的死亡人数比值为：

$$\frac{4}{500} = 0.008$$

由此，我们可以得出这样的结论：在交通事故中，未系安全带小组中的死亡人数比值是系了安全带的小组的 12.7 倍（见 p84 的图）。

虽然在因交通事故导致的死亡中，系了安全带的人数更多，但那显然是由于系安全带的人占大多数导致的。若从比例上来看，系了安全带却仍死亡的人占比其实很小。

我们在网络上经常能看到这样的结论：列举具有某种属性的人，并主张其中的几成做了某件事。

但其实"某件事"和"某种属性的人"根本没有关系，如果不同时给出普通人群中做过"某件事"的占比，这个结论就

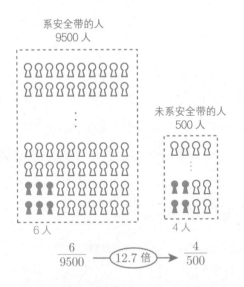

系安全带的人
9500 人

未系安全带的人
500 人

6 人

4 人

$$\frac{6}{9500} \xrightarrow{\text{12.7 倍}} \frac{4}{500}$$

不具备任何意义。不仅如此，有时候这样的结论还会给人留下错误的印象。请看以下句子：

"八成好莱坞名人每天早上都会做XX"

看到这样的句子，你肯定会觉得××这件事情很特别，就算觉得这是成为明星的秘诀也不为过。但如果这句话变成下面这样：

"八成好莱坞名人每天早上都会洗脸"

这个结论突然就让人觉得"那有什么稀奇的"。无论是好莱坞名人，还是亲戚家的叔叔，每天早上都会洗脸，这件事再普通不过了。假设有数据说普通人里有九成早上起来都会洗脸，我们甚至能得出"没想到好莱坞名人不洗脸"这样的结论。

无论如何，在统计数据中若缺少百分比所依据的绝对值，就无法得出有意义的结论。就算数据本身是正确的，如果巧妙地隐藏了必要信息，也可能给人留下与事实截然不同的印象。当看统计数据时，你一定要好好留意这一点。

再举一个例子，有一种能查出某种传染病的检测试剂盒。将这个试剂盒用于感染者时，有 99.9% 的概率能判定为"阳性"；将这个试剂盒用于非感染者，有 99.9% 的概率能判定为"阴性"。

	阳性	阴性
感染中的人	99.9%	0.1%
未感染的人	0.1%	99.9%

☐ 准确判定

这个试剂盒准确诊断的概率为 99.9%，可靠性相当高。

一个人被随机抽选出来测试，结果为"阳性"。这时大部分人会觉得，如果被如此高准确率的试剂盒判定为"阳性"，那这个人基本上就能确定感染了。

然而，并非完全如此。实际上，为了得出准确结论，我们还需要收集另一个必要信息——普通人感染上该病的比例为多少？

假如感染者的比例为 0.1%，即 100 万人中就有 1000 人感染，剩下的 999000 人未被感染。对这 100 万人用试剂盒进行检测，被准确判定为阳性的人是 1000 人中的 99.9%，也就是999 人。

另一方面，非感染者中的 0.1% 会被误判为阳性，按999000 人的 0.1% 来计算，结果也为 999 人。仅从被试剂盒判定为阳性的人群来看，感染者与非感染者的人数是相同的，也就是说，即便试剂盒显示是"阳性"，但他确定感染的概率也只有 50%。

与前文中系安全带的例子相同，虽然非感染者被判定为阳性的概率极低，但是由于非感染者的基数压倒性地占据大多数，所以它的绝对值也会变多。在检测结果为阳性的人群中，非感染者的人数就会占据很大的比例。

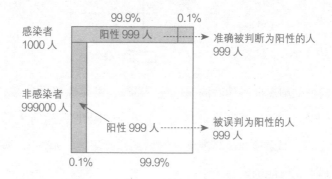

当然，如果出现了该传染病特有的症状，或者曾经去过感染风险较高的地区，无论试剂盒的精确度有多高，我们都要再对结果进行深入验证。

虽说"数字不会撒谎"，但我们却意外地常会被数字欺骗。

　　无论得到多么正确的数据，还是需要我们自己去解读它。在现代社会，看清什么信息"能读取"，什么信息"不能读取"也将变得越来越重要。

人为什么能接受"十天一成息"的高利贷

小时候经常会为"中了彩票后做什么"的话题而兴高采烈。

大家开始做着白日梦，有的人说要"住豪宅"，有的人说要"去玩具店买空游戏软件"……这时一定会有人泼冷水说："真蠢啊，把钱存入银行，靠利息就能吃一辈子了。"

千万不要惊讶，在二三十年前，日本银行的存款利率高达5%，甚至8%，"将中奖后的钱存入银行"可是非常现实的建议。

不过，现在日本银行的存款利率很低，甚至跌破了0.1%。当时我们认为太现实、无趣的"靠利息吃饭"，现在变成了痴人说梦。

我想给大家介绍一种只有在低利率时代才有效的计算技巧。

例如，本金1万日元，年利率0.1%，请计算存期5年能够得到的利息。

第一年，1万日元加上0.1%的利息，变为1.001万日元。次年，存款会在这个已增加的金额上，再加上0.1%的利息，即为：

$$1.001 \times 1.001 = 1.001^2（万日元）$$

第五年的存款额为：

$$1.001 \times \cdots \times 1.001 = 1.001^5 \text{（万日元）}$$
$$\underbrace{\qquad\qquad}_{5个}$$

将 1.001 乘以 5 次，没有计算器通常是算不出来的。不过要是计算个概数，我倒有一个能在脑海中默算的方法。计算很简单，只要将小数点之后的数字乘以次方的数字即可。

$$1.001^5 \approx 1.005 \text{（万日元）}$$

如果你认为"这怎么可能"，请一定要用计算器实际计算一下。你会得到如下结果：

$$1.001^5 = 1.00501001001$$

正确的数值与估算的数值误差不过 1%。换成金钱是 0.1 日元，误差几乎可以忽略不计。

当利息较低时，这种估算方法相当有效。例如，以 0.3% 年利率将 1 万日元存储 8 年，按照刚才的方法估算存款额：

$$1.003^8 \approx 1.024 \text{（万日元）}$$

大概有 240 日元的利息。正确的计算结果为：

$$1.003^8 = 1.02425351768$$

89

利息为 242 日元，只有 2 日元的误差。当 h 对于 1 和 n 来说特别小时，以下的公式便会成立：

$$(1 + \underline{h})^n \approx 1 + \underline{nh}$$

左边表示金额每年增加（1+h）倍，右边表示金额每年增加固定的 h。

左边的利息增长方式叫作"复利"，右边的利息增长方式则叫作"单利"。在数学中，复利为"指数型增长"，单利则为"比例型增长"。

上述公式所表达的意思简而言之就是当利率较低时，在几年的跨度内，复利（指数型增长）和单利（比例型增长）并没有太大的差别。

这种计算方法十分简便。但是，它有时也是一条通往地狱的道路。因为不只有存款增长利息，借款也是如此。

可能大家在有关高利贷题材的日本电视剧里，听过一种名为"十天一成息"的高利贷，即每十天便增加借款金额一成的复利。

假如向某金融机构借了 1 万日元。借款在 10 天后变成了 11000 日元，20 天后变成了 12100 日元，30 天后变成了 13310 日元。

"利息确实有点高，但是一个月 3000 日元左右的利息，想想办法也能还上吧！"

有这种想法的人要小心了。如果放上 3 年不管，你认为这个借款最终会变成多少钱呢？

大约为 3 亿 3000 万日元。

这个额度的账单，甚至让人想要大叫"这是骗局"。遗憾的是，这一结果是严格执行得出的，毫无欺骗性质。

不知不觉中，直觉和现实已经产生了如此大的偏差。这其实与"指数"的性质有关。

如下图所示，$y=1.1^x$ 的曲线展示的是"十天一成息"的复利金额增长方式。当该公式的 x 数值较小时，就会接近 $y=1+0.1x$ 这一"直线"。

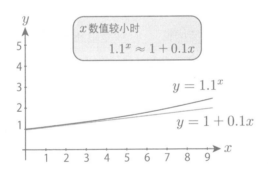

确实，这两条线在第五、第六次返还日期前几乎是无差别的。

如果我们在这里一时疏忽，错将复利金额的增长方式估算成直线的"比例型增长"。

这是地狱第一层。"指数"戴着"比例"的面具靠近我们，让人安心后才会展现出它的本性。看看这个图表的顶端吧（见 p92）。

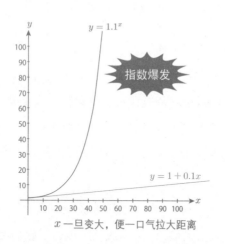

x 一旦变大，便一口气拉大距离

大致过了第二十个返还日期后，指数那条线的增长便会突然加速。被蒙在鼓里的可怜欠款人，会深信借款就如 $y=1+0.1x$ 的直线一样呈"比例型增长"。这种差距随着时间的推移会变得越来越大，当欠款人回过神来时已经陷入无法挽回的境地。

"借高利贷，就像拿着一个不知道何时会爆炸的炸弹一样"——请将这句话和这个图表一起铭记于心。

第 3 章
希望被写进课本的数学故事

"不幸的信"的传播机制

> 这是一封不幸的信。收到这封信的人，请将同样内容的信在 50 个小时内发给 29 个人。如果不这样做，不幸就会来到你身边。

像这样促使收信人将内容进行散播的邮件，被称为"连锁邮件"，它不仅是一种骚扰行为，情节严重的还会构成犯罪。

它的历史出乎预料地古老，上面这封"不幸的信"流行于二十世纪七十年代，距今五十年前。

当时与现在最大的区别就是，这封信既不能复制粘贴也不能群发，它是一封"物理上"的信。它的实际内容也更长，无形中形成了严格的规定，让人必须一字一句毫无差错地抄写这封信。

在 50 个小时内准备 29 人的信，这相当费事，邮费也不容小觑。虽然信中说不这样做的话就会遭遇不幸，但是在不得不做的那一刻，人们就已经变得不幸了。

当时存在着一个趣闻。这种信流行的时候，出现了一种奇怪的模仿品，名叫"棒的信"——以"这是一封棒的信"开始，以"棒就会来到你的身边"结尾。

这种语句都不通的信是怎么来的？大概是一个不擅长写字

的人错将"不幸"写成了"棒",然后他人又原封不动地抄写后将其扩散了。

虽然收信的人觉得这封信有些奇怪,但因为信中有一字一句都不能弄错的规矩,不能擅自修正内容,所以为了避免"棒的到来",他们会将内容原封不动地散播出去。说真的,"棒的到来"比笼统地告诉我"不幸会到来"更让人觉得害怕。

既让人兴致盎然又让人毛骨悚然的是,这封"不幸的信"是从谁开始的,又是以什么目的开始的,我们一无所知。

硬要说到目的,也许只是想要增加信本身的数量。在自我中复制自我,然后在复制的阶段出现错误并产生了变异,最后人为进行传播。

对,"不幸的信"在一定程度上就像一种病毒——在人们的疑神疑鬼中蔓延开来的病毒。

接下来,我们就从数学层面讨论一下"不幸的信"。根据复制自我的方式变化,来观察信的增长方式会有何不同。

为了简单起见,我们假设所有收到信的人都会老实地遵从指示,并且寄出的信会在当天送到对方手中。

首先,看看下面这封信的内容。

信 A

收到这封信的人,请将同样内容的信在 1 天后寄给 1 个人。

在这个案例中,信的增长方式非常简单,收到信的人每天只增加 1 个。如果第一天将信寄给了 1 个人，在第十天收到信的人数是 10 人，在第二十天则是 20 人。

这是极其缓慢的增长，与其称之为不幸的信，倒不如说它是邻里间互相传阅的报纸。

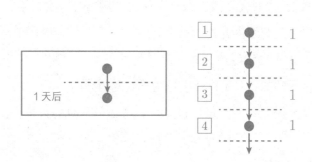

我们稍微改变一下规则，如果把需要寄信的人数从 1 人改为 2 人会怎么样？

信B

收到这封信的人，请将同样内容的信在 1 天后寄给 2 个人。

从个人的负担上来看，只是增加了 1 人而已。但仅仅因为这个原因，却使两种增长方式有着天壤之别。

收到这封信，第一天是 1 个人。这 1 个人会将信寄给 2 人，所以在第二天会有 2 个人成为新收到信的人。这 2 个人又分别送出 2 封信，所以在第三天会有 4 个人成为新收到信的人。之后，新收到信的人数便会两倍地增长。

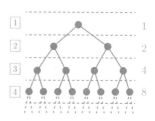

此增长还会爆发性地加速，收到信的总人数会在第十天超过 1000 人，在第二十天超过 100 万人，不到一个月就能轻松超过日本总人口的数量。

信 A 和信 B 增长的区别就是在前一章中解释过的"单利"和"复利"，即"比例型增长"和"指数型增长"的区别。这个例子又再一次说明了"指数型增长"的恐怖，要是把它换作病毒感染的话，一传一还是一传二的差异，将会产生天壤之别的结果，这对我们而言是一种告诫。

请你想一想，有没有一种规则既不像信 A 那样过于简单，也不像信 B 那么严重，正好在它们中间。有的，这样的规则如下：

信 C

　　收到这封信的人，请将同样内容的信在 1 天后寄给 1 个人，在 2 天后再寄给 1 个人。

与收到信 B 的人一样，收到信 C 的人也会寄出两封信，不过信要分两天寄出。虽然它是不幸的信，但是却尝试着减轻送信人的负担，让人隐约地感到了一丝体贴。

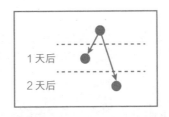

预想一下这封信的增长方式，它会像信A一样呈"比例型增长"呢，还是会像信B一样呈"指数型增长"呢？

具体来看一下。第一天收到信的人会在第二天寄出1封信，在第三天再寄出1封信（图1）；第二天收到信的人会在第三天寄出1封信，在第四天再寄出1封信（图2）。之后，同理可得，收到信的人数会在前四天按照"1，1，2，3"的方式增长。

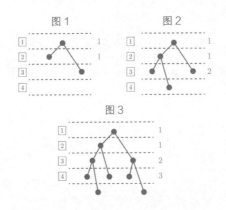

这个增长方式有什么规律呢？比如在第五天收到的信是"第四天收到信的人在次日寄出的信（下图中的◎）"或是"第三天收到信的人在两天后寄出的信（下图中的○）"我们可以得

出以下结论：

（第五天收到信的人数）=

（第四天收到信的人数）+（第三天收到信的人数）

说得更普遍化一些，在某一天收到信的人数，是前一天和前两天收到信的人数之和。

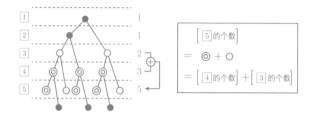

根据这个规则，列出之后的数。

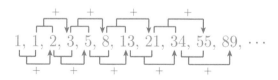

这样就能得到一个非常有名的数列，叫作**斐波那契数列**。在这个数列中，数的增长方式既不像信 A 那样是固定的，又不像信 B 那样有急剧的变化。

那么，我们试着计算一下斐波那契数列相邻两项的比值，结果如 p100 所示。

虽然这些比值不是固定的，但比值会缓慢地停留在比 1.6 稍微大一点的数值上。最终这个比值会无限趋近

1.6180339887…

也就是说信C会按照"约1.6倍"逐次递增，可以将它看作"指数型增长"。

虽然它比信B的增长方式更缓慢，但是作为指数型增长，越到后面，还是越能看到它爆发性的增长。

你知道这个谜一样的小数到底是什么吗？实际上，这个比值从很久以前就作为黄金比例这一神秘数值被人们所熟知了。

关于它的故事，在其他小节中我们会继续探讨。

1	×1
1	×2
2	×1.5
3	×1.6666…
5	×1.6
8	×1.625
13	×1.6153…
21	×1.6190…
34	×1.6176…
55	×1.6181…
89	

银牌得主的忧郁

地球上最强的昆虫是什么？漫画中最可爱的主角是谁？历代歌手中唱得最好的是哪一位？我们总会说"要是能成为独一无二就好了"这样的话，果然人类就是喜欢和他人争第一的生物。

在决定第一名的制度中，最著名的就是淘汰赛。每两人对战，选出胜者；然后在胜者中，继续安排每两人对战，选出更强的人……最后留下的那个人就是第一名。

然而，为了让这个制度能成立，淘汰赛需要有一个共同的前提，即只要有"A赢了B"和"B赢了C"这两个事实，就会自动认定"A赢了C"。

这种关系在数学中被称作不等式的传递性。如果"A赢了B"用不等式"$A>B$"来表示，那么可得出结论"如果$A>B$且$B>C$，则$A>C$"。在数字大小的比较上，这样的传递性是成立的，不过在其他关系上却存在传递性不成立的情况。

"石头、剪刀、布"就是广为人知的传递性不成立的例子。虽然"石头赢剪刀""剪刀赢布"成立，但"石头赢布"并不成立。因为猜拳游戏的输赢是圆环状循环的，所以无法确定哪个才是最强的。

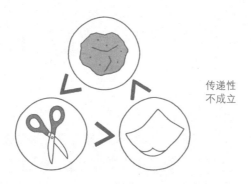

传递性
不成立

这种传递性不成立的情况，尤其容易发生在胜败、喜恶等话题上。

但是，一旦认可这个说法，就将无法选出第一名，所以我们暂且认为所有的传递性都是成立的。

接下来一起来看看，以传递性为前提才成立的淘汰赛制度。假如A～H参加的淘汰赛的结果如下（图1）：

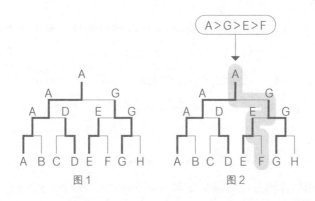

图1　　　　　　图2

此时，为什么说"A战胜了所有人"呢？让我们通过不等号来梳理一下胜负关系。从上至下观察图2中灰色的部分，可看到 A 赢了 G，G 赢了 E，E 赢了 F。写作：

$$A>G>E>F$$

考虑到不等式的传递性，可得出 "A>E（A 赢了 E）" 和 "A>F（A 赢了 F）"。像这样，传递性会推理出没有直接对决的选手之间的胜负。同样，将其他胜负情况也用不等号进行置换，可以梳理成下图。

能看得出除 A 以外，无论是从谁开始，只要寻找比自己更强的人，最终都会到达 A。这样一来，就可以说 "A 战胜了除 A 以外的所有人"。

好了，从这里开始进入正题。我想提出的问题是，在淘汰赛中谁才是 "第二名"。如果和刚才一样按照传递性的标准来思考，这件事意外地变得很麻烦。让我们再看一次刚才的图。

通常会将总决赛中失败的人当作第二名，即 G。但通过上图可以看出：G战胜的只有E、F、H，G，它与B、C、D之间没有胜负可言。此时，第二名存在于G、D、B之间。

为了选出第二名，需要让这三人再次进行淘汰赛。假设淘汰赛后的结果如下：

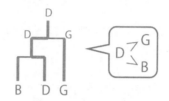

这样一来就可以确定D为第二名。为了确认，我们重新制作一下不等式的图。

由于D>G，D>B，结合刚才的图后就会得出下图。能够看出，D实际上战胜了除A以外的其他人。

第一名 第二名

$$A > D > \begin{matrix} G \nearrow {H \atop E} > F \\ C \\ B \end{matrix}$$

第三名候补

如果想继续选出第三名，需要让"直接和D对决后输掉的人"——即C、B、G进行淘汰赛。需要注意的是，不仅是在争夺第二名的比赛中输给D的B、G有资格参加，就连在第一次淘汰赛中输给D的C也有参赛资格。

综上所述，我们将已确认名次中的最后一名当作X，用淘汰赛在"与 X 直接对决后的失败者"中选出 X 后的下一名。重复这个操作,就能定出所有人的名次。

总之,用数学上的正当流程选出第二名之后的名次相当费事。所以,实际比赛时通常会让半决赛中的失败选手进行对决,由此选出第三名和第四名;然后让半决赛中的胜利选手进行对决,由此选出第一名和第二名。这种比赛方式也许是大家权衡利弊后的选择。

不过,听说某位奥运会奖牌获得者说过这样的话:

"在奥运会中最难平复心情的就是得银牌的人了。因为他们是获奖选手中唯一'以失败结束奥运之旅'的人。"

确实如此,因为输了比赛才获得了银牌,而铜牌是因为赢了别人才得到的,这逆转有些让人不可思议。我想提出如下的解决方案,可供参考。

选出第三名的比赛和决赛都照常进行。如下图所示,A 和 D 在半决赛中获胜了,B 在争夺第三名的比赛中获胜。如果 A 在决赛中输了,那么目前的名次为"D>A>B>C"是没有问题的。不过如果 A 在决赛中赢了,此时就无法判断 B 和 D 的名次了。

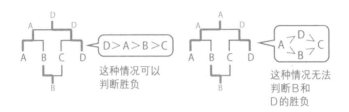

这种情况可以判断胜负

这种情况无法判断 B 和 D 的胜负

所以在这个案例中，可以让 B 和 D 继续进行"第二名争夺赛"，加赛一轮。这样一来，比赛的次数相对公平，获胜者应该也会愉快地"赢得"银牌。

思考高效的"排位赛"方法

对于只决定第一名的比赛而言，淘汰赛是非常简单有效的赛制。但若想决出所有的名次，这种赛制操作起来就比较麻烦了。

如果最初的目的就是"确定所有人的名次"，实际上还有更高效的赛制。那就是结合了"淘汰赛"和"团体淘汰赛"的比赛方式。

"团体淘汰赛"是在团体格斗赛中经常使用的赛制。比如，在四人成队的团队间进行比赛时，各队的出场顺序依次是先锋、次锋、副将、主将。

在实际的比赛规则中，出场顺序不一定是按照队员的实力高低排列的。不过，在下面的比赛中，我们规定他们的出场顺序是按照队员的实力从弱到强排列的。

比赛时，先让先锋进行比赛。获胜的一方留在赛场上，与对方团队中的下一位对手进行对战。如此反复多次比赛，最终只要一方的主将输了，比赛就结束了。

实际上，当比赛采用了这样的赛制，一旦比赛结束，两个团队中所有成员的实力高低也被确定了。比如，P队的四人（A、B、C、D）和Q队的四人（E、F、G、H）进行比赛。假设在p108的图中，字母旁的数字表示此人的实力水平。当两人对战时，数字大的一方一定会获胜。我们按照能力从弱到强的顺序，将各队的队员从先锋到主将依次排列。

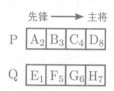

首先，两队的先锋（A和E）进行比赛。这时A（实力为2）胜利，E（实力为1）失败。失败的一方作为淘汰者在一旁等候。

接着，刚才获胜的A（实力为2）和对手团队中的次锋F（实力为5）进行比赛。这一次F胜利，A失败。将这轮的淘汰者排在上一轮淘汰者的右边。

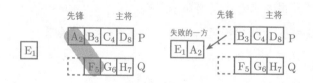

以这样的方式反复比赛。

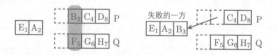

以这种方式淘汰的人，通常就是"尚未淘汰者中实力最弱的"。所以我们可以将淘汰者按照顺序排列，然后将最后的胜出者排在队伍的最后。如此一来，这八个人就按照实力水平从弱到强排列了。

$$\boxed{E_1}\boxed{A_2}\boxed{B_3}\boxed{C_4}\boxed{F_5}\boxed{G_6}\boxed{H_7}\boxed{D_8}$$

这里的关键是，"拥有实力排序的两个团队进行团体淘汰赛后，可以组成一个拥有实力排序的团队"。也就是说，两个团队合并了。

将以上的内容作为前提，试着设计一个能"确定所有人名次"的比赛方案。基本理念是，从最初的"个人赛"开始，经过反复合并，就会组成一个巨大的团队。

首先为 A ～ H 的八人赛准备一个普通的淘汰赛图表。同刚才一样，字母旁的数字表示此人的实力水平。

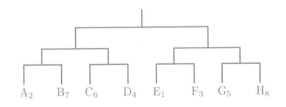

首先，在第一次对战中，让"A 和 B""C 和 D""E 和 F""G

和H"分别进行对战。结果会出现四个两人团队。

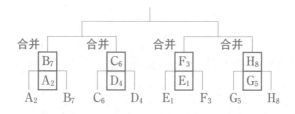

第二次对战是两人对两人的团体淘汰赛。因此两个团队合并，组成一个四人团队。

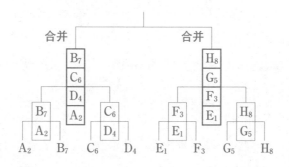

最后是四人和四人的团队淘汰赛。这两个团队再次合并，就会组成一个有名次排名的八人团队。

这样一来，比赛结果就会与当初的目的吻合——确定所有人的名次。

无论参加人数有多少，这个比赛方式都适用。

即便两个团队的人数不同，也能根据团队淘汰赛进行"合并"。只要制作出普通的淘汰赛图表，之后如果想将个人赛换成团队赛也可顺利进行。

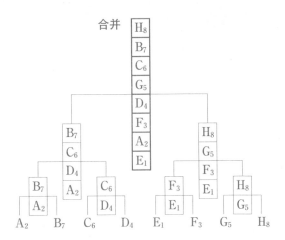

像这样，通过无限重复两两比较，将内容按指定顺序重新排列的流程叫作排序算法。本节中介绍的是归并排序，即通过反复合并，对整体进行重新排列的方法。在下一小节中，我将介绍另外一种思路的排序算法。

将鬼脚图游戏数学化

阿弥陀签是日本常见的抽签游戏，又被称为鬼脚图。

先说明一下它的规则：按照参加的人数画出对应条数的纵线，然后随机在纵线间添加横线。

横线的端点不能在同一位置相交，不能越过纵线。纵线的下端会写上游戏的奖品等信息，一般不会让玩家看到奖品内容。

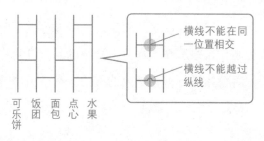

玩家分别从纵线的上方选一个不同的起始位置。玩家从自己所选的线开始向下前进，只要遇到横线就必须拐弯，这是玩鬼脚图游戏时最重要的一个规则。

就这样前进，直到下方终点，这时终点处写着的奖品就归玩家所有。比如，在p113的鬼脚图中，从D处前进的话，就能到达"饭团"。

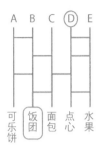

请尝试一下，从其他入口前进会到达哪里。A是水果，B是面包，C是可乐饼，E是点心。

有趣的是，所有人都能到达不同的终点。年幼时的我对这件事感到不可思议。为什么玩家们不会到达同一终点呢?

深究这一问题，我们将会发现鬼脚图游戏和数学之间的有趣联系。下面将介绍解决这个问题的两种思考方式。

首先，第一种方式是思考如果在鬼脚图中反向前进会是什么情况。假设有一条路线，如左下图所示，从起点a开始到终点p结束。此时，如果从p开始反向向上沿线前进，情况会如何? 当然反向前进时也会遵守画鬼脚的规则。这就相当于反向

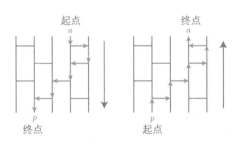

探索 a 到 p 的路线（如 p113 右下图），最终会回到最初的起点 a。

假设"两位玩家到达了同一终点"。例如在下图中，从 a 和 b 开始的人，都到达了 p。

接着，我们从 p 开始反向探索画线会如何呢？按刚才的逻辑思考的话，既会到达 a，也会到达 b。换言之，将会存在两个终点，这太不合理了。

为何会发生这种不合理的情况呢？其原因只能是一开始假设的条件——"两位玩家到达了同一终点"出了问题。由此得出结论："不会发生两位玩家到达同一终点的情况"。

这种论证方法的有趣之处在于，比起证明"不会发生 A 的情况"，先"假设会发生 A 的情况"，由此推理出明显的矛盾，来证明假设不成立。这样的论证方法被称为"反证法"。

反证法是数学领域中的重要论证方法，但是由于它的论证方法是一种间接证明，所以很多人都觉得难以理解。其实，有的间接证明我们很容易就接受了，比如侦探小说中常出现的"不在场证明"。

"不在场证明"，顾名思义，是指某个人在犯罪时刻"不在"犯罪现场的证明。在电视剧中，犯罪嫌疑人主张不在场证明时，一定会说明"自己当时在其他地方"。

为什么这能成为不在场证明呢？因为嫌疑人会说："如果我是犯人，就不可能在同一时间出现在两个地方。"这种说辞在论证上是成立的。

也就是说，不在场证明就是优秀的间接证明，并且基本的思考方式也和反证法一样。

接下来，我们来看一下第二种思考方式。这是做分析时的常用手段，即考虑最简单的事。思考一下如下图所示的"只有一条横线的鬼脚图"。

画一条横线
相邻的两位玩家互换位置

可以看出，一条横线意味着"相邻的两位玩家互换位置"。

思考一下，将普通的鬼脚图分割成最简单的鬼脚图吧。如左下图所示，重画最初的鬼脚图，让所有的横线都不在同一水平线上。

只需稍微上下移动横线，就可以简单完成。接着用虚线在纵向上分隔横线，如右下图所示。通过虚线的分割，鬼脚图被分为八份"最简单的鬼脚图"，每份鬼脚图都只包含一条横线。

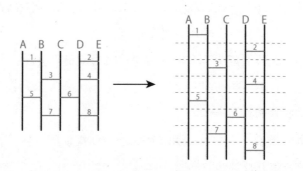

各部分的鬼脚图一定要保证"相邻的两位玩家可以互换位置"。

"ABCDE"的顺序，在下移到最初的部分时会变为"BACDE"（A与B互换了），在下一个部分会变为"BACED"（D与E互换了）……在虚线上随时写上互换的结果后，就会得到p117的图。

你是不是觉得自己在一点一点看清鬼脚图的本质？

归根结底，鬼脚图游戏其实就是**"反复互换相邻的两位玩家的位置"**。从这个角度来看，鬼脚图中的两个玩家当然不会前进到同一终点。

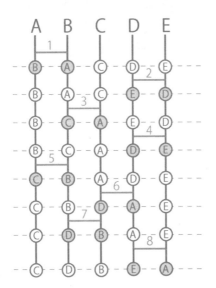

直觉敏锐的人或许已经察觉到，鬼脚图游戏其实和上一节中介绍的"排序算法"有着很深的联系。

这里又一次出现了意料外的联系。在下一小节中，我们会探讨从鬼脚图中派生出的另一种排序算法。

"鬼脚图游戏" 和冒泡排序

请看以下问题：

你是鬼脚图游戏的主办人，已事先调研好了五位选手想要的奖品。当选手选好了位置后，你需要在鬼脚图上添加横线，尽量让每个人都能得到他们想要的奖品。是否存在这样的画线方法呢？

另外，如果有这样的画法，应该如何画横线呢？

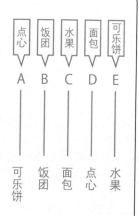

总而言之，这是在讨论"是否能按照自己的预期，控制鬼脚图游戏的结果"。假设五个人的喜好如图所示，你能巧妙地画出横线，使每个人都能到达他们想去的终点吗？

这实属不易。即便能做到，但如果你在这件事上花费了太多时间，选手们也会察觉到你的意图。因此，我们需要一种能解决所有问题的流程，也就是算法。

为了简化说明，我们把奖品和选手都用数字代替。将1、2、3、4、5按顺序排列在鬼脚图的下方，然后在上方将1～5的数字随机排列好。

　　这时只需考虑，要画出什么样的横线，才能使对应的数字准确地连接起来。

　　现在，我希望大家回忆起来：在鬼脚图里，画横线就意味着"互换相邻的两个数字"。换言之，如果要使这个问题简单化，就会变成如下的情况。

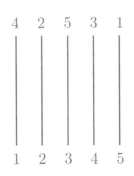

　　思考一下，如何通过反复"互换相邻的两个数字"，将随机的数字按从小到大的顺序进行排列。

　　没错，这正是"排序算法"的问题。接下来，我将为大家介绍一种被称为"冒泡排序"的排序算法，这种算法完全匹配此需求。如下图所示，假设有①～⑤五个方格，将数字 1 ～ 5 随机放入方格中。要求将方格中的五个数字按从小到大的顺序排列。

```
① ② ③ ④ ⑤
4  2  5  3  1
```

　　首先来看最左边的方格①和②。对于两个方格中的数字，按照"如果左边的数字更大时，则交换两个数字；反之，则保持原样"的规则来操作。在这个例子中，左边的数字更大，于是交换两个数字。

　　接下来再往右挪一格，对方格②和③进行同样的操作。在这个例子中，右边的数字更大，所以保持原样即可。

接下来，重复操作，依次往右挪一个方格直到最右边，将这一系列的步骤当作Step1。将Step1中的数字变动（包括刚才已分析过的变动）整理为一张图，如下所示：

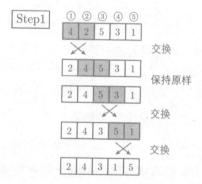

希望大家注意到的一点是，当完成Step1时，5一定在最右边。因为5是所有数字中最大的，所以需要不停地和自己右边的数字进行交换，直到换至最右边。

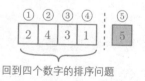

回到四个数字的排序问题

这样一来，5就能到达目标位置，接下来只需考虑除5之外其余四个数字的排序即可。

此时，我们在Step2中对①～④四个方格，进行同刚才一样的操作。从左边两个方格开始，然后依次往右挪一个方格直至最右边。

与刚才一样，当完成Step2时，4会被移至最右边。这样一来，4也到达了目标位置。后面的流程都是按照同一个要领进行的。在Step3中对①～③三个方格进行相同的操作，这样3就会到达最右边。在Step4中对①和②两个方格进行相同的操作，这样2就会到达最右边。1必然会到达最左边，至此排序结束。

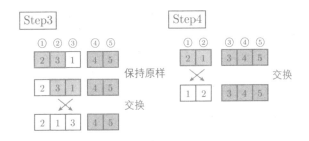

根据初始状态方格中数字的不同，有时也会有这样的情况：

当完成Step1时，不仅是 5，就连 4 也到达了目标位置。这时只需跳过 Step2 进入 Step3 即可。

总之，最多用 10 次（即 4+3+2+1）比较大小，就能按照从小到大的顺序排列好数字。

鬼脚图游戏是用画横线的方式进行交换的。将冒泡排序中共计 10 次的交换点，与下图中的虚线一一对应。

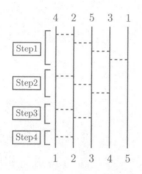

如果需要交换数字，就将虚线画成实线；如果"保持原样"，则什么也不做。按照这个方式将刚才的结果呈现出来，就如下图所示。看一看这个完成了的鬼脚图，是否确实能让每个人都获得想要的奖品。

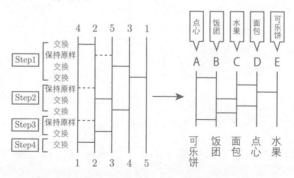

虽然这样一来问题就解决了，但如果需要像开头的题目那样当场画出横线，我们很难在脑海中模拟冒泡排序的过程。所以从实用性上来看，按照下图这样操作更简便。

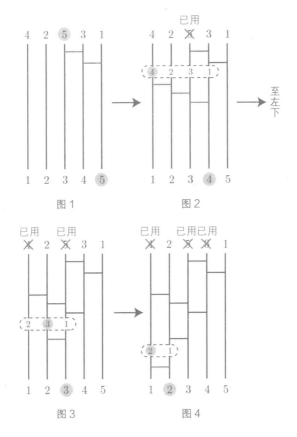

首先，在鬼脚图的上方找到应该在最右边的数字（5），然后画出横线使其到达最右边（图1）。除了已经使用过的数字，其他四个数字（4、2、3、1）按照原来的排列顺序，分给左边的四条纵线。

找到这四个数字中最应该去最右边的数字（4），然后画出横线使其到达最右边（图2）。除了已经使用过的数字，其他三个数字（2、3、1）按照原来的排列顺序，分给左边的三条纵线。之后按照此流程重复（图3、图4）。

这样一来，只要安排好最开始的数字，就能立刻看出该如何排列各个阶段中剩下的数字，不再需要记住它们。

另外在p123的图中，虽然为了方便大家理解，我将使用过的数字都打上了"✕"，但现实中不需要这一步，只用在脑海中想象即可。

如果认真练习，在看到上方的排列顺序后，不到十秒就能完成鬼脚图。作为游戏时的必备技能，请务必牢牢掌握。

为什么双把手的水龙头
难以调节水量

人生中，总有那么几次不得不和水龙头搏斗。

我与水龙头的第一次搏斗发生在游泳后。当时觉得那个用来洗眼的双口水龙头出水太小，所以猛地拧了一下把手，汹涌的水流突然直冲进眼里，还让我摔了一跤。

要想调节出"恰到好处"的水压，需要将所有力量都集中在手上，练就以毫米为单位拧把手的高超技术。

本以为长大成人后，就不会再被水龙头搞得狼狈不堪，但是人生才不会这么平淡。大家应该见过带有红色和蓝色两个把手的水龙头吧？

拧红色把手就会出热水，拧蓝色把手就会出冷水，热水和冷水在中间汇成一股水流。记得从前家里的浴缸、外面的澡堂，都用过这样的水龙头，但是近年来很少看到了。

这种水龙头用起来很麻烦，因为它涉及了"水压"和"水温"两个要素。举个例子，假设我们在淋浴。虽然我们需要灵活地转动红色把手和蓝色把手，来制造出恰到好处的水压和水温，但同时满足这两点比较难。

首先提醒一下，如果拧开红色把手，出来的水是相当烫的。所以原则上第一步是拧开蓝色把手，让冷水先出来。然后开始慢慢增加热水量，直到调至适当的水温。

然而好不容易水温合适了，水压却又不够，只有一点点的水从淋浴的喷头中缓缓渗出。

我们想调到合适的水压，于是同时拧动两边的把手，结果从喷头里冲出了滚烫的热水。然后我们慌张地想增加点冷水，结果，水压又变得太强了。最终，我们就像被瀑布击打的修行僧一样，匆匆洗完了澡。

为什么这种类型的水龙头这么难调节呢？如果使用图表来解释，就能一目了然。

图表的横坐标（x轴）为冷水量，纵坐标（y轴）为热水量，"水温"是由x和y的比值决定的，所以它对应的是图中的点与原点（O点）连接后那条直线的"倾斜度"。

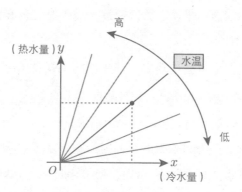

和原点连线的倾斜度决定了水温

直线倾斜的角度越大，证明热水的比例越大，所以水温越高；反之，直线倾斜的角度越小，水温越低。

另一方面，"水压"是由热水量和冷水量之和决定的。离原点O越远，x和y之和越大（虽然严格来说这与现实有些许不同，

但为了让内容变得简单先如此假设吧），所以用与原点的距离表
示水压是没有问题的。

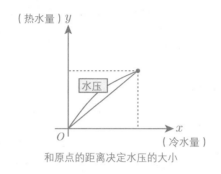

和原点的距离决定水压的大小

那么，在这个图表中，应该存在最适合淋浴的"水温"及
"水压"的点，也就是"最佳点"。假设这个点为 S，请巧妙地
调节两个把手，找到这个最佳点。

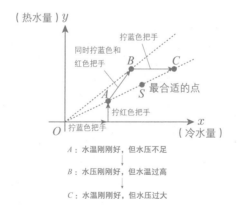

A：水温刚刚好，但水压不足
B：水压刚刚好，但水温过高
C：水温刚刚好，但水压过大

如果一开始放出的水太少，则"水温"合适，"水压"不足，
到达了图中的 A 点。

此时若想把"水压"调节到最合适，需要以同样的幅度拧

动两个把手。虽然感觉到达了 S 点，然而并不是，其实到达的是图中的 B 点，此时"水温"又升高了。

　　接着想把"水温"调节到最合适，就要增加冷水的量，变为图中的 C 点，此时"水压"比 S 点大得多。

　　由此能清楚得知：为了调节"水压"和"水温"，需要同时去调节"冷水量 x"和"热水量 y"这两个参数，这样的构造实际上是非常不方便的。

　　近年来新型水龙头的把手形状，就和下图差不多，只需要通过左右拧动把手就能够调节水温，上下移动就能调节水压。用刚才的图表来说的话，取 p129 右图中的角度 θ 和到原点的距离 r 分别代表"水温"和"水压"，这两个参数组成了独立可调节的构造。

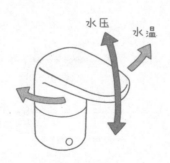

　　这个构造与调节 x 和 y 的构造相比合理很多。

　　顺便一提，用 x 和 y 的组合表示平面上某一点的方法，叫作"直角坐标"；用 θ 和 r 来表示某点的方法叫作"极坐标"。

　　在日本，人们将不同的水龙头命名为"直角水龙头"和

"极水龙头",这种命名方法实在是太妙了。

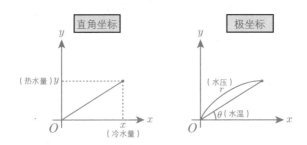

虽然在数学课上老师总是提到"对不同问题应采用合适的坐标系",但是从如此贴近生活的例子中感受到这一点的重要性,倒也挺有意思。

无意识中催生的"秩序" 巧妙而神奇

　　我经常光顾的咖啡馆，如下图所示有五个吧台座位。为了方便说明，把座位从左边开始依次标注为1号、2号、3号、4号、5号。

　　接下来，假设你一个人来到了这家咖啡馆。此时，店里没有客人，任何座位都能随便坐。当然，虽然想坐哪儿是你的自由，但事实上要考虑后来的客人，这里存在着"最好先别坐的座位"。那是几号位置呢？希望大家稍微思考一下再接着往下看。

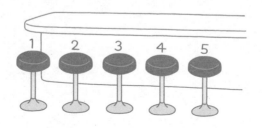

　　答案是2号和4号。

　　如果选择这样的吧台座位，我们都极力避免坐在"别人的旁边"。对每个人来说，完全陌生的人突然坐在身旁，总会让人觉得不舒服。请以这些为前提，思考下为什么答案是2号和4号。

　　假设一开始你在3号坐下了，下一个来的人为了避免坐在你旁边，一般会坐在1号（或5号）。第三个来的人会坐在第二个人刚才没选的 5 号（或 1 号）。

虽然从第四个人开始就没必要再选择了，但是至少在第三个人来之前，所有人都应该坐得很舒适。

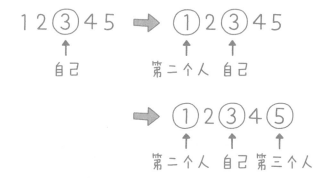

如果你一开始坐在了 1 号，下一个来的人坐 3 号（或 5 号），第三个来的人坐 5 号（或者 3 号），也会很自然地达到和刚才同样的状态。如果一开始你坐了 5 号，也会导致同样的结果。

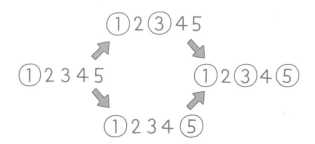

然而，如果一开始你坐在了 2 号，会是什么样呢？下一个坐的人应该会避开你的旁边，坐在 4 号或 5 号吧。

但是，不论怎样，当第三个人到来时就会形成"僵局"了。

第三个人无论坐在哪里，都会不得不坐在某一个人的旁边（如果一开始坐在 4 号也会发生同样的事）。

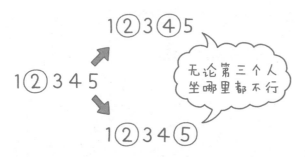

关于这件事我曾有过很悲惨的经历。有一天我到了咖啡馆，已经有一个中年大叔坐在了 2 号，然后 5 号坐了一名年轻女性，我不幸地成为第三个人。

我一边在心里埋怨不懂人情世故的大叔，一边又想最大限度地为年轻女性着想，就特意坐在了大叔旁边的 3 号。真是非常有绅士风度地自我牺牲了。

然后过了一会儿，坐在 5 号的年轻女性起身离开了咖啡馆。是的，这是能想到的最坏的剧情了。请想象一下，明明有五个人的座位，为什么我和大叔要两个人挨着坐。然后，咖啡馆开始弥漫着让人无法忍受的尴尬。

为了避免再次发生同样的悲剧，我希望大家铭记于心：遇到这样的吧台座位时，只要自己不是第四个之后的人，请避开 2 号和 4 号就座。

在这里想让大家注意的是，当所有人都能这样考量，就算不用预先商量，在三个人来的时候也会自然地坐在 1 号、3 号、

5 号的座位上，"等距"地填充座位。

有一个规模更大的例子。那就是日本京都鸭川的"情侣等距法则"。

每到夏天，就会有许多情侣聚集在日本京都的繁华地段——鸭川，虽然只是在河边坐着，但那些情侣之间的间隔仿佛用尺子测量好了一样都是等距的。如果设定好"每对情侣都会尽量与其他情侣保持一定距离后再就座"这一行动原理，就能用数学的方式解释这一现象了。

当情侣们依次来到河边坐下时，会是什么情况？如下图所示，两对情侣已经坐下，第三对情侣来到了河边，此时假设两对情侣都会尽量坐得离对方远一点，那么第三对必然会坐到两对情侣的"正中间"。这样一来，三对情侣就能等距地坐下了，这是第一阶段。

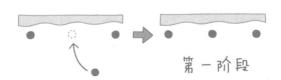

第 一 阶 段

因为行动原理一样，所以第四对情侣坐在第一对情侣和第三对情侣的中间；第五对情侣坐在第三对情侣和第二对情侣的中间。这样一来，五对情侣就能等距地坐下了，这是第二阶段。

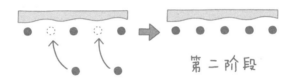

第 二 阶 段

之后新来的情侣都会选择坐在间距最宽的两对情侣的正中间。在第三阶段会等距地坐下九组，第四阶段坐下十七组……

　　重复这个流程，直到情侣们之间的距离变为 3～4 米。如果情侣们之间的距离太近，就不会再有新的情侣就座，即座位达到"饱和状态"。就这样，情侣们并不用提前商量好就能实现"等距"。

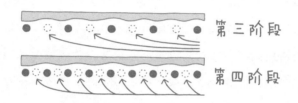

　　一边和别人聚在一起，一边又想保持距离。互相矛盾、让人觉得不可思议的行动原理，却又产生了整体的秩序感。这真是件有趣的事。

探索扫地机器人的合理形状

"勒洛三角形"是由三个扇形组合起来的图形。不论从哪个角度测量，这个图形的宽度都是相同的，我们将具有这种性质的图形称为"等宽曲线"（或定宽图形）。与勒洛三角形具有相同特性的图形还有圆形。

不管图形处在什么角度，
从顶到底的距离都不会发生变化

言归正传，如今大家司空见惯的"扫地机器人"通常都是圆形的。圆形的外形可以让它们即便进入有限的空间，也能轻松转换方向。这也是"等宽曲线"的特点：就算改变角度，宽度也不会发生变化。如果扫地机器人是四边形的，当它不小心进入和自己宽度相同的空间时，就会无法动弹。

考虑到"等宽曲线"的特点，扫地机器人的形状除了圆形以外，也可以是勒洛三角形。不过，对于圆形而言，勒洛三角形是否具有明显的优势呢？实际上，下列情况中，勒洛三角形是存在优势的。

如 p136 的图所示，让这两种形状的扫地机器人打扫房间。观察它们的清扫范围，勒洛三角形清扫的范围比圆形更大。就连容易堆积灰尘的角落也能清扫干净，这是勒洛三角形机器人的显著优势。

能清扫的范围

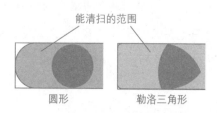

圆形　　　　　　　勒洛三角形

事实上，这个形状的扫地机已经投入使用了。长期藏身于数学教科书中的勒洛三角形，终于要正式出道了。

第 4 章

激动人心的
数学故事

"直线描绘出曲线"的艺术

首先,请看下图。

这个好像是用电脑绘出的曲线图,实际上藏有一个秘密。让我来揭晓谜底吧,其实这幅图是"只用直线就能画出来的"。

而且,不用电脑,仅需一把尺子就能画出来。事实胜于雄辩,接下来为大家说明一下画法。

首先,画两条相交的线段。接着在线段上画出等距的刻度。之后,用线将纵轴上端的刻度与横轴左端的刻度连起来。随后纵轴向下移一个刻度,横轴同时也向右移一个刻度,再次用线连接起来。以此类推,一边移动一边将对应刻度连接起来。

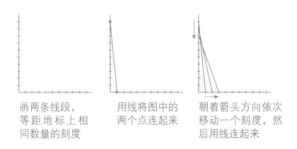

画两条线段，
等距地标上相
同数量的刻度

用线将图中的
两个点连起来

朝着箭头方向依次
移动一个刻度，然
后用线连起来

当你连好所有的线后，就变成了左下方的图。

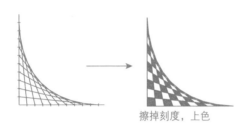

擦掉刻度，上色

最后一步，仿照国际象棋棋盘的颜色为方格涂色，就会变成文章开头的那幅画了。

这幅画的有趣之处在于，由于直线的重叠，使山脊线变成了光滑的曲线。

事实上这并非"曲线"，而是由直线构成的"折线"，但是人的大脑无论怎样都会将它看成光滑的曲线。

像这样由一系列的直线（或曲线）集合后形成的另一个形状，在数学中称之为"包络线"。在这个图中，"包络线"就是"抛物线"这一数学曲线。这和把球扔向天空后呈现出的轨迹是一样的。

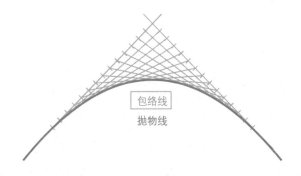

包络线

抛物线

下面为大家介绍一个有趣的方法，同样可以利用直线的集合形成抛物线。

这次用"折线"取代尺子画线。准备一张纸，长边朝下，在正中央偏下处画一个点（如下面的左上图）。

将纸折一下，使纸的底边恰好经过这个点，然后沿折痕处画上虚线。变换折纸方法，重复此步骤。由此形成的许多折线的集合就和刚才的"抛物线"一样了。这也是由直线构成的曲线。

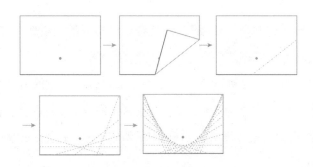

此外，还有一个能用尺子描绘出优美曲线的方法，不过难

度稍有提升。作为准备工作，请画两个椭圆，徒手画就可以。

首先，在椭圆上标上刻度，将其分成 4 等份；然后，继续在已有的刻度之间补画刻度，使刻度的数量依次变成 8 个、16 个，最后达到 32 个。虽然刻度的数量不是特别重要，但刻度越多，最终完成的曲线就越漂亮。

画刻度的关键在于，越靠近椭圆的中央，刻度间距越宽；越靠近椭圆的两边，刻度间距越窄。或许可以想象一下，从倾斜的方向看摩天轮时摩天轮座舱的分布。

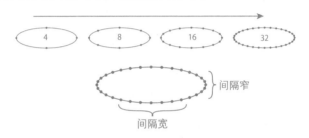

接下来，如左下图所示，将画完刻度的两个椭圆上下排列好。此时，尺子该登场了。

将上方椭圆最顶端的刻度，与下方椭圆最左端的刻度相连。以这两个刻度为基准，按逆时针方向依次移动一个刻度后，再次用线相连，以此类推。

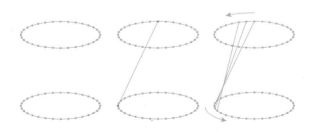

最终呈现的是一个拥有绝美瘦腰的性感图形。乍一看，恐怕谁都想不到这个图形的侧腰竟然是由直线构成的。

这个形状像鼓一样的立体图形被称为"旋转双曲面"。正如其名，从侧面显现出的包络线是被称为"双曲线"的数学曲线。

包络线 　　双曲线

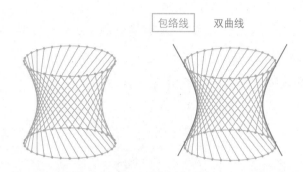

在考试还有剩余时间时，在无所事事时，试着将手边的纸一点一点涂成这样的图形怎么样？

如果被人看到，看到的人一定会很惊讶。

不会出错的 "翻板表演" 方法

"翻板表演"是一种在运动会、节日会演上经常出现的团体表演，表演者们会拿着图示板组成巨大的文字或图案。

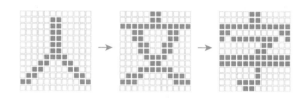

翻板表演的基本原理很简单。每个人都会拿着图示板，他们将"数到几举起什么颜色"牢记于心，只要配合着节奏展示相应颜色的图示板即可。

虽然说起来容易，但是在无法把握整体效果时，举板的人却要不断正确地展示出毫无关联的、不规律的、多种颜色的图示板，这其实是一件困难的事。

而且，只要有一个人失误，就能被观看者清楚看见，这一点也很让人痛苦。就算一个人出现失误的概率仅为1%，但如果有100个人参与表演，失误的概率就会激增到63%。也许正因为跨越了这一高难度，完美的翻板表演才更令人感动吧。

那么，在翻板表演中，如何尽量减少个人需要承担的任务？换句话说，能否创造出"事先不需要记住太多步骤"的翻板表演。

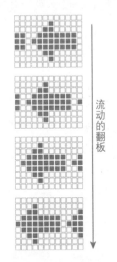

流动的翻板

可能大家会觉得这有点"站着说话不腰疼"，但是关于如何实现它，我有一个想法：采用一种名为"流动灯牌"的方式。

如右图所示，想象一下箭头不停向左流动的翻板表演。

虽然"流动灯牌"的表演看起来比普通的翻板表演难，但事实恰恰相反。采用这种表演方式时，只需上游那列人牢记"数到几举起什么颜色"，其余人只用记住表演刚开始时自己的举板颜色，并在数到下个数时，举起与刚才上一列颜色相同的图示板即可。

跟随者　引领者

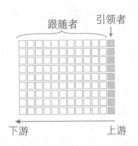

下游　　上游

像这样根据"邻居"的状态，来决定自己接下来的状态的个体被称为"自动机"。自动机虽然不太需要记忆力，但是需要能准确判断状况的洞察力，以及能立即执行的行动力。

在"流动灯牌"的表演中，仍然需要上游那列人牢记动作。想一想，有没有一种规则，可以消除大家任务上的差别，也就是说，能让全员都像自动机一样去做翻板表演。

为了方便说明，假设图示板只有黑、白两种颜色。请参考下图中的A，文中提起的"邻居"是指水平线及斜线上与A相邻的八个人。

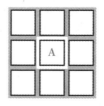

刚才所提到的规则如下：当自己是白色时，如果正好有三个黑色邻居，在数到下一个数时自己就要变黑。除此之外，自己都维持白色不变。

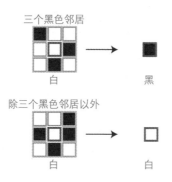

三个黑色邻居
白 → 黑

除三个黑色邻居以外
白 → 白

当自己是黑色时，如果有两个或三个黑色邻居，在数到下一个数时自己维持黑色不变。除此之外，也就是有一个以下或四个以上的黑色邻居，在数到下一个数时自己就要变成白色。

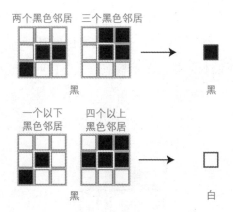

为了大家可以一目了然，我们把规则整理到一个图中。在下一个计数到来时，自己的颜色会根据"自己现在的颜色"和"黑色邻居的数量"做出如下变化。

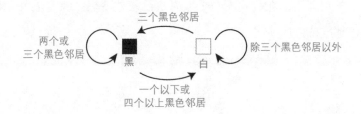

这样就制订好规则了。接下来，我们为表演设置初始状态，假设初始状态为右图。

从这个状态开始，所有人都严格按照规则变换图示板。我们一起来看下结果吧。

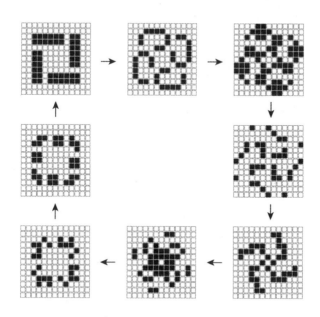

时而出现、时而消失的黑色图示板，组成了比想象中还要漂亮的图案，最后又回到了初始状态。

实在是难以置信，这样的图案是从"谁都不用记忆"的方法中诞生的。

不过，想要不出错地执行如此复杂的规则，确实需要执行者拥有相当高的信息处理能力。

实际生活中很难召集到一百个像这样的"反射神经超级发达"的人，但是电脑很适合这项工作。想想自动机这个词，也只有电脑才能与之匹配。

实际上，上述规则是 1970 年由英国的数学家康威设计的。这个规则的单一性吸引了很多程序员，他们按照这个规则，在计算机上运行了模拟程序。

康威将其命名为"Life Game"，也就是"生命游戏"。

将黑色的图示板喻为生命，规则是：当周围有 3 个生命时，新的生命就会诞生；当周围的生命小于 1 个（过少）时，或大于 4 个（过密）时，生命就会死亡。生命的诞生与死亡就这样被计算机模拟出来了。

完全没预料到在刚才的变换中，竟然蕴藏着生命游戏的魅力。

虽然从 p147 的图中能看到一个完美循环的模型，但这只是特殊的案例，如果稍微改变一下初始状态，结局就会一片混乱。生命会在某个瞬间爆发式地增长，或者反过来突然灭绝，甚至会一会儿形成群居状态，一会儿又分裂再聚集。

明明只是一些按照简单规则运作的自动机，却从中迸发出欣欣向荣的生命力，简直不可思议。

如果在网上搜索一下"生命游戏"，就可以找到能实际模拟这个流程的网页或 App，感兴趣的朋友一定要尝试模拟一下。

旋转魔方

　　魔方的发明已有四十多年的历史了，但它在今天的智力游戏界仍旧占据着统治地位，并深受人们喜爱。

　　为什么魔方如此吸引人？不仅因为它充满着智力游戏应用的奥妙，还因为它是一个比较有乐趣的"物品"。

　　动作变化时的趣味性、转动魔方时的咔嗒声，以及魔方的手感，所有的一切都会唤醒人们最原始的快感。

　　其实从数学上来看，魔方也有很多有趣之处。甚至可以说，魔方本身就是一个数学集合体。

　　在此，我想向大家介绍一个简单有趣、谁都可以尝试的数学理论。

　　让我们制订一个让魔方转动起来的步骤吧。无论这些步骤有多么复杂都没关系。如下图所示，我们先简单地制订这个步骤为：将右边第一层魔方朝下转，上边第一层魔方逆时针转。将这两次旋转步骤设为操作 P。

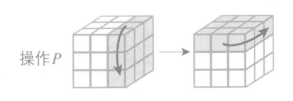

操作 P

从魔方六面都已还原的状态开始，重复操作 P。当然，原本还原好的魔方会随着转动被重新打乱。但请大家放心，只要坚持这样重复操作，就会回到原始的状态了。实际上，重复操作 P 的步骤 105 次之后，魔方就会还原。

其实，无论操作 P 是什么样的步骤，只要不断重复这个操作，魔方就一定能回到最初的状态。我们可以很容易地证明这一点。

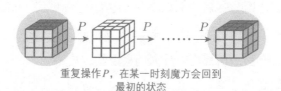

重复操作 P，在某一时刻魔方会回到
最初的状态

转动魔方时，它会出现多少种形态？可能多到数不清，但其实问题的关键不在于具体的数量，而在于它的形态是"有限"的（将有限的颜色放在有限的面上的方法当然也是有限的）。下面假设魔方有 n 种形态。

我们按照一定的步骤转动魔方，并将这个过程中魔方的形态全部记录下来。将魔方最初的形态设为 A_0，下一个形态设为 A_1，并以此类推。就这样连续不断地转动魔方，直到第 $n+1$ 个形态 "A_n" 被记录下来后，停止转动魔方。

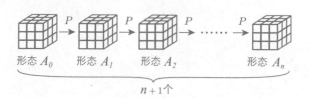

形态 A_0　　形态 A_1　　形态 A_2　　　　　形态 A_n

$n+1$ 个

记录表上写着 A_0，A_1，A_2，…，A_n 共 n+1 种魔方形态。但魔方共有 n 种形态，也就是说这里至少存在一个相同的魔方形态。

这两种"相同形态"的魔方是通过操作 P 实现的。换言之，这就可以证明"某种形态"下的魔方通过不断重复操作 P 就可以回到初始状态。

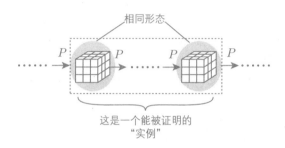

相同形态

这是一个能被证明的"实例"

至此，我们完成了证明。当然，上面的两种相同形态不一定是六面还原的形态。但是这不重要，既然"从某个形态开始，重复操作 P，就会回到初始形态"，那么从"六面还原的形态"开始，也一定会再次回到"六面还原的形态"。

不要忘记我们之前学过的"存在定理"，虽然能保证"一定会回到初始形态"，但是"什么时候回来"就不知道了。

也许是几分钟后，也许是几个小时后。

不，那还算幸运了。如果要探索完魔方的所有形态，即使 1 秒钟转动 1 次魔方，让它们再回到原始状态的时间也将超过 100 万年。

计算器赢过红白机的那一天

在我小学三年级的那年夏天，发生了一件大事，从而彻底改变了孩子们的生活方式。日本任天堂出品的家用游戏机——FC游戏机，即红白机发售了。

从此日本的家庭被划分成了两种：有红白机的家庭和没有红白机的家庭。"没有红白机"的孩子会找"有红白机"的朋友，哦，不对，应该是想方设法和他成为朋友，然后放学后聚在他的家里玩游戏。

说到我自己，可悲的是我们家属于"没有红白机的家庭"。毫无疑问，我也曾疯狂地跑到有红白机的朋友家玩游戏，更可悲的是，那时的我完全沉迷于游戏。

没有红白机的孩子却成为游戏的"俘虏"，这真是一件让人倍感煎熬的事。毕竟在朋友家里玩游戏的时间是有限的，总是不能尽兴而归。

为此，我在家里寻找能享受同样乐趣的替代品。探寻一番后，我找到了"计算器"。它并没有携带任何游戏功能，除计算外，也不附带别的任何功能，就是一台普通的计算器。但是按钮的触感与红白机颇有几分相似之处，而且在按钮的数量上更胜一筹。

不管别人说什么，在我看来这就是我家的红白机。为了找到玩计算器的方法，我绞尽了脑汁。

计算器有一个鲜为人知的功能，即能进行"重复运算"。有些智能手机上的计算器也有这个功能，大家可以尝试一下。将计算器归零，然后按下

看起来是毫无意义的计算，但是结果却会显示为 7。继续按"="后，显示屏会按照九九乘法表中第七行的顺序依次出现 14，21，28…也就是说，这是在"**重复加 7**"。

同样，按下这三个键：

重复按"=",结果会按 4,8,16…的顺序出现，这是在"**重复乘以 2**"。

甚至，按下

结果会按照 1，0.5，0.25，0.125…的顺序出现，这是在"重复除以 2"。

虽然这是计算器的基本功能，但看到数字规律地递增或递减，着实很有趣。说起来，在 p90 说明的指数型增长概念，早在小时候我就通过计算器学习到了。

我在用这个方法玩计算器时，发现这个功能也能被运用在简单的"计数"中。按下

如果重复按"="，数字就会按照 2，3，4，5…的顺序递增。因此，如果将显示出的数字减去 1，那么就能得到按"="键盘的次数。

能够计算按 = 键盘的次数

这一定有什么作用。此时少年池田的脑中灵光一现，想起曾经的热门话题：游戏界中的奇迹——"高桥名人的 16 连射"。高桥名人是当时小孩们热烈追捧的游戏界名人；"16 连射"指的是一种传奇的游戏技能：将手腕压在桌子上，然后猛地给手加

力使手指高频率地震动，能在一秒钟连按 16 次按键。当时的小学生都非常憧憬这项必杀技，争相模仿。

可是，当时并没有能计算一秒内按键次数的方法。这时就轮到计算器隆重登场了。

参赛者首先将计算器按到"1+"的准备状态。当计时器发出"开始"的信号后，参赛者开始连按"="，计时器在 10 秒后停止，同时参赛者也停止按键。

此时计算器显示的数字假设为 63，就说明这名参赛者在 10 秒内按了 63-1=62 次按钮。那么他的连发次数应为 62÷10=6.2。

我发明的这个游戏在学校十分火爆，那一刻，便是区区计算器对红白机发起反击的历史性瞬间。

可惜的是，在那之后，学校就明令禁止学生带计算器去学校了。

从计算器窥探到的无限世界

本节继续围绕我家的"红白机"——计算器讲一讲。对于我这个沉迷于玩计算器游戏的小学生而言，除法按键"÷"与别的按键有些许不同，它就像能打开禁忌之门的钥匙一样。例如输入这三个键：

$$\boxed{1} \quad \boxed{÷} \quad \boxed{3}$$

之后，显示屏上会出现大量的 3。

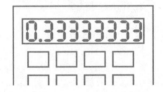

这些"3"仿若一直正常运作的电脑突然开始失控一般，有种难以言表的恐怖。真正看清它的本来面目是在我小学五六年级的时候。那时我明白了，用 1 除以 3，会得到一个小数点后"无限出现 3"的数字，也就是无限循环小数。

我至今还记得，当时看过的某教育节目中，就介绍过关于无限循环小数和计算器的圈套。在计算器中输入下面的键：

$$\boxed{1} \quad \boxed{÷} \quad \boxed{3} \quad \boxed{×} \quad \boxed{3} \quad \boxed{=}$$

在"1 除以 3，然后乘以 3"的计算中，因为"除以 3 再乘以 3"相当于什么都不变，也就是说，按道理结果会回到 1，可是计算器上显示的却是 0.99999⋯

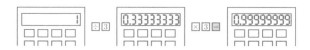

为何数字变小了呢？那个节目是这样解释的，1 除以 3 的结果，用小数表示为 0.3333⋯这样无限循环 3 的数字。但是计算器显示的位数有限，无法显示的部分就被直接舍去了。

因为有被舍去的数字，数字变小了，最后乘以 3 后的结果就会变成比 1 小的数字，这就是计算器的圈套。

这个说法确实有一定说服力。但一番思索后，有一些解释是我无法接受的。如果数字变小的问题在于舍去了未显示的数字，那么假设有一个"能显示无限位数的计算器"就可以解决这个问题。例如下面这个数字：

$$0.3333\cdots$$

这样可以显示 3 的无限循环小数，乘以 3 后，结果为：

$$0.99999\cdots$$

9 仍然会无限循环下去，不会变回 1。结果，其实并没有从根本上解决问题。

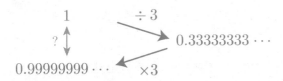

这种别扭感深深地印在了我的脑海中。为了彻底解决这个问题，我们需要学习高中数学的无穷级数，即"无穷的数之和"。从结论上来说，

$$0.9999\cdots$$

既不"小于 1"，也不"接近于 1"，它就是货真价实的"1 本身"。

$$1=0.9999\cdots$$

这个等式是成立的。

此处内容可与 p61 的"簸箕和垃圾"内容关联起来。用扫帚将垃圾扫入簸箕时，90% 的垃圾扫进簸箕，还剩下 10% 的垃圾。重复操作后，一份垃圾就会被无限分割。

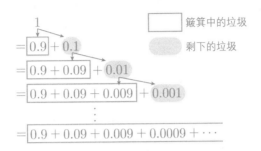

虽然是 1，却可以用无限求和来表示。

$$1=0.9+0.09+0.009+0.0009+\cdots$$

将等号右侧的和用小数来表示的话，会得到刚才的等式：

$$1=0.999999\cdots$$

为了让已经云里雾里的大家明白 0.99999… 是货真价实的 1。我们可以用"反证法"论证。假设 0.99999…< 1，那它在数轴上对应的点应该只比 1 的点"靠左一点"。也就是说，这两个点的中间会形成一个小的"间隙"。

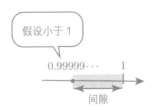

另一方面，思考一下如果在数轴上标上 0.9，0.99，0.999，0.9999… 这样的数列，它们与 1 的差 0.1，0.01，0.001，0.0001…

将会越变越小。

越来越靠近 1

如此一来，在某一时刻一定会有一个数字进入刚才的"间隙"中。假设这个数字的小数点后有 100 个 9，

$$\underbrace{0.999\cdots9}_{100\ 个}$$

并且，进入到刚才的间隙中。

$$\underbrace{0.999\cdots9}_{100\ 个}$$ 进入到间隙中

0.99999⋯ 1

间隙

此时，我们可以得出这样的大小关系：

$$\underbrace{0.999\cdots}_{无限个} < \underbrace{0.999\cdots9}_{100\ 个}$$

这个结论太不符合逻辑了。左边的 9 是"无限个"，也就是说"比 100 个多得多"，左边的数比右边的数大才合理。

有人说，这个间隙应该更小才行。如果小数点后面有 100 个 9 太少，就增加到 1000 个、10000 个，得出的结论还是一样，一定会出现能落在这个间隙中的数字。9 的数量无论有多少，都是"有限"的，不可能比拥有"无限"个 9 的数字更大。

换句话说，无论将间隙设为多小，都无法解决这个矛盾。

解决矛盾的方法只有一个，1 和 0.9999…之间根本没有什么间隙，也就是承认 0.9999…＝ 1，至此证明结束。

无限确实是个棘手的怪物。当直面它的时候，我们的直觉容易遭到欺骗。正因如此，数学家才需要研磨逻辑这一武器，并与之对峙。细细想来，我第一次意识到无限，可能就是看到计算器上出现一排 3 的时候。所以，"÷"一定是打开禁忌之门的钥匙。

据说，凝望深渊的人，也在被深渊凝望。小学时我偷窥过计算器那小小的窗口，无限的深渊也透过那个窗口凝望着我。兜兜转转，我进入了数学的世界，至今无限还牢牢地抓着我的心。

A4 纸为什么是
这个尺寸

飞机和船看起来造型美观，并不是因为它们在设计时追求外观上的美，而是因为它们需要"飞在天空中"或"浮在水面上"，先有了实用性上的强烈需求，才会去追求最合理的形状。

这些从实用性上推理出的答案，让我们感受到了自然之美。观看一流运动员的比赛时，领略野生动物之美时，之所以觉得赏心悦目，也是因为我们可以从中感受到去除一切无用之物后的"实用美"。

接下来，我们就来讨论一下生活中的长方形。笔记本和经常用到的A4、B5纸都是这个形状。如果测量一下，你会发现纸的长宽比是1.414 ：1。

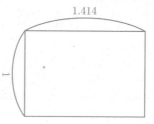

在无数的长宽比中，为什么选择了这个比例呢？这是有理可循的。

思考一下，如果想准备几张同样大小的纸，如何做才最轻松？最简单的办法就是先准备好一张较大的纸，然后再通过对折将纸分成2等份、4等份、8等份。现实中的A4、B5等不同的纸型就是这样从一张较大的纸上裁出的。

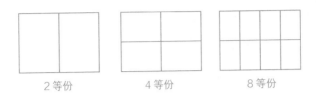

2等份　　　　　4等份　　　　　8等份

不过，这里有一个问题。一般而言，将纸分成 2 等份时，纸的长宽比会发生变化。

如下图所示，有一张长宽比为 5：4 的纸。沿长边将这张纸分为 2 等份，那么它的长宽比就会变成 4：$\frac{5}{2}$ =8：5，比原来的纸的长宽比更大。

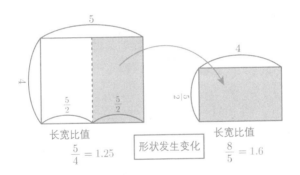

5

4

$\frac{5}{2}$　$\frac{5}{2}$

$\frac{5}{2}$

4

长宽比值

$\frac{5}{4}$ = 1.25

形状发生变化

长宽比值

$\frac{8}{5}$ = 1.6

这样一来，当某张纸上的印刷内容被缩放到其他尺寸的纸上时，就可能因为尺寸不合适而使内容印刷不全，造成使用上的不便。所以，从实用性角度来说，打印纸应该"即使对折成一半也要保证长宽比不变"。

其实能满足这个需求的长方形的长宽比只有一个，就是刚才已说过的 1.414：1。

让我们实际测试一下。将长方形沿长边平均分为两份，虽然它的长宽比会变为 1 ： $\frac{1.414}{2}$ =1 ： 0.707，但是计算它的比值的话，结果和原来的长方形的长宽比（几乎）一致。

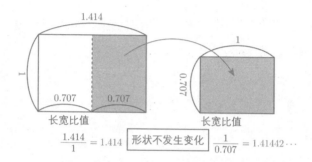

$$\frac{1.414}{1} = 1.414 \quad \boxed{形状不发生变化} \quad \frac{1}{0.707} = 1.41442\cdots$$

1.414 是一个特殊的数字，在数学上可以表示"相乘两次后结果为 2 的数字"。实际计算一下：

$$1.414 \times 1.414 = 1.999396 \approx 2$$

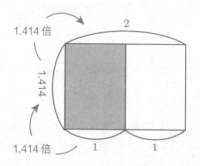

"相乘两次后结果为 2 的数字"在数学中用 $\sqrt{2}$ 来表示。更严格来说，它的值为：

164

$$\sqrt{2} = 1.41421356\cdots$$

这是个被大家所熟知的无限小数。重点在于，就算不知道以上的道理和根号的计算方法，只要想追求最具功能性的纸型，在不断试错后也能摸索出这个比例。

接下来让我们回到文章的开头，继续聊一聊"所有纸型都能从一张较大的纸上裁出"这个话题。

在国际规格中，"最大的纸"是 A0 和 B0 这两种纸。B0 的宽度正好为 1m（=1000mm），是一个长宽比为 1.414 ∶ 1 的长方形。A0 的尺寸是 B0 的 0.841 倍（B0 是 A0 的 1.189 倍）。

将 A0 的纸依次对折分割后，这些纸张的尺寸就是 A1、A2、A3……

同样将 B0 的纸依次对折分割后，这些纸张的尺寸就是 B1、B2、B3……

让人好奇的是，A0 和 B0 的大小比——1.189 到底是什么？这在数学上也是有理可依的，将这个 1.189 相乘两次后：

$$1.189 \times 1.189 = 1.413721 \approx 1.414$$

竟然得到了刚才的 $\sqrt{2}$。也就是说，1.189 是"相乘两次后结果为 $\sqrt{2}$ 的数字［即 $\sqrt{(\sqrt{2})}$］"。如果 A 系列和 B 系列型号的纸张保持这样的比例，将它们按照从小到大的顺序排列，就会如 p166 的图所示形成等倍排列。

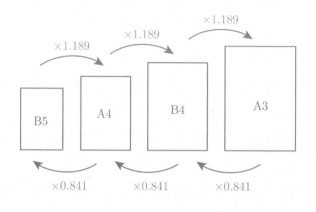

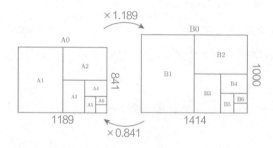

　　这样一来，不论是想用复印机将 B5 放大为 A4 进行复印，还是想将 A4 放大为 B4 进行复印，都不用手动调节缩放比例。这个比例同样也是从实用的需求中推导出的合理数字。

　　在看似平淡无奇的形状中，却蕴藏着形成它的理由，背后也有使其成立的数学原理，这让我再次感到惊讶。

关于"黄金比"的幻想

当折纸需要正方形纸而手上又没有时，你会怎么办？很多人会想到从打印纸上裁出一个正方形。方法是先将纸折出一个三角形，然后沿着三角形的边切掉多余的纸就可以了。

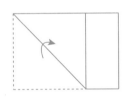 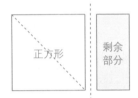

让我们将注意力放在裁掉正方形纸后的"剩余部分"上。这个剩余的长方形比起原来的长方形更细长。

突然，某个想法从我的脑海中一闪而过：

"裁出正方形后剩下的长方形纸，能否变成和原来的长方形一样的形状呢？"

从结论上来说，这是可以实现的。我们只需准备一个形状比打印纸更细长、长宽比为 1.618 ：1 的长方形纸即可。

如 p168 的图所示，剩余的长方形纸长宽比值是 1.61812…，形状与原来的长方形一样。

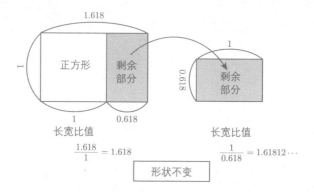

長宽比值

$$\frac{1.618}{1} = 1.618$$

长宽比值

$$\frac{1}{0.618} = 1.61812\cdots$$

形状不变

裁出正方形纸剩下的长方形纸和原来的形状一样，所以如果再从剩下的长方形纸中裁出正方形，剩下的形状也应该与原本的形状一致。也就是说，这个长方形可以如下图所示连续不断地裁出正方形。

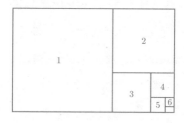

这个 1.1618 的比值是不是很眼熟？更严谨地说，应该是"1.6180339887…"这个小数，没错，这个小数正是计算斐波那契数列"1，1，2，3，5，8，13，21…"中后一个数与前一个数做除法后无限趋近的数值（参考 p100）。

这个比值称为黄金比或黄金分割，像上图那样长宽比为黄金比的长方形就叫作黄金矩形。

为何斐波那契数列会与这个神奇的长方形产生联系？接下来我们就来揭晓它们之间的关系。

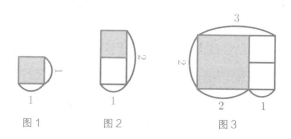

图 1   图 2   图 3

首先，如图 1 所示准备一个 1×1 的正方形；接着在这个正方形上再加一个正方形，使其成为 1×2 的长方形（图 2）。然后在它的左边加一个 2×2 的正方形，使其成为 2×3 的长方形（图 3）。

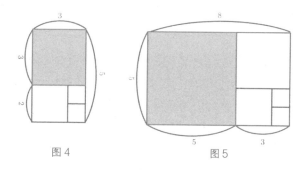

图 4   图 5

就这样按照"上"→"左"的顺序交替增加正方形，就会不断地创造出新的长方形。

在这里希望大家注意，在新的长方形中，"宽"的长度等于上一个长方形中"长"的长度；"长"的长度等于上一个长方形中的"长宽之和"。

例如，图3的长方形（宽为2，长为3）加上正方形后，宽变为3，长变为2+3=5（图4）。接着再连上正方形后，宽变为5，长变为3+5=8（图5）。

相信各位已经注意到了吧。我们依次得到的长方形边长是由斐波那契数列中相邻两个数字组成的：

$$1, 1, 2, 3, 5, 8, 13, 21\cdots$$

而长方形的形状也会不断趋近于黄金钜形。按照上面的方式连接上六个正方形，请看左下图，这是一个13×21的长方形。

再看下图的右下角，这是从黄金矩形中裁出六个正方形后的结果图。

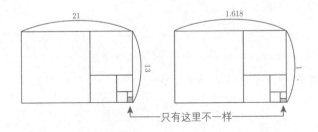

这两幅图相似度极高。唯一的区别就是右下角的小四边形是正方形还是长方形。这只是一个非常小的误差。如果计算一下左边长方形的长宽比值，可得到：

$$\frac{21}{13} = 1.615\cdots$$

可以看到，这两个长方形几乎是相似的，这个小小的误差会随着正方形数量的增加而渐渐变小。

原因在于，斐波那契数列越到后面，相邻两个数的比值就越接近于黄金比。

虽然我们是从 p169 图 1 的正方形开始"加正方形"的操作，但即使是从长方形开始，重复"增加正方形"的操作后，也会得到黄金钜形。

从这一点也能看出，这是一个非常具有普遍性的图形。虽说打印纸的美是一种"功能美"，但黄金钜形却让人感到某种"样式美"。

黄金比，无疑是一个美丽且神秘的比例，也许正因为这个词语给人的印象太过深刻，所以人们常常会赋予它更多的意义。

比如，我们经常听到这句话——"黄金比是人类在视觉上能感受到的最美比例"。大部分人认为这句话缺乏科学依据，不过是一种世俗的说法罢了。

帕特农神庙和金字塔等古老建筑都是按照黄金比设计的，人类"头顶到肚脐的距离"与"肚脐到脚底的距离"的比值是黄金比……你肯定也听说过这样的杂学知识吧？但这些知识的可靠性值得怀疑。

这个世上本来就比比皆是 5 ：3 的比例，如果强行将它赋予黄金比的意义，那无论什么东西都可以是黄金比的产物。

甚至有人说过"美味的烧烤酱酱油和味醂的黄金比""眉毛和鼻头将脸划分为 1 ：1 ：1 的黄金比就是美人脸"。

如果是这样，我们不禁会产生疑问："黄金比本来是什么呢？"

"黄金比"这个肩负着沉重包袱的词语，如果将它从数学的意义上剥离开来，就只能被数学家们遥望了。

让人忐忑不安的"恐怖谷"

虽说对美的认知因人而异，但是"有规律的事物"想必能让大多数人感受到美。

不经意间看了眼时间，发现刚好是"12：34"时，心情会变得很愉悦；展开刚开封的扑克牌，看着纸牌上的数字和花色按顺序排列，一想到要打乱它们就会觉得很可惜。

但另一方面，对"不规律的事物"的美感，每个人的感受有点不太一样。A的设计很有规律，所以看起来很美；B的设计虽然完全没有规律，但也很美。"完全无规律"在某种意义上也是一种秩序。

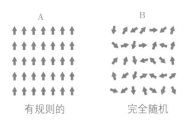

想来最让人心情烦躁的，应该就是在规律性中掺杂了"一小部分"不规律的状态吧。当看到右边这个设计时，总有一种想把倾斜的箭头摆正的冲动，让人感到烦躁不安。

在机器人工程学中，有一种被称为"恐怖谷"的现象。指的是当机器人的脸无限接近于人类时，人们会在某个瞬间突然感到厌恶甚至恐惧。

虽然看起来很完美，但总觉得缺点什么，"还差一步满分"的事情总是让人忐忑不安。在付款时需要付 10001 日元，想要录下来攒着看的电视剧却有一集没录上，完美无缺的大帅哥突然露出牙齿上的韭菜叶……比起"完全不行"，此时受到的精神打击要大好几倍。

数学中的"某个数字"能够给人带来同样的感受。这里有请计算器出场。

首先，在计算器上准确地按九次 1。

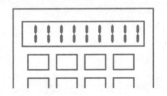

显示屏出现的这个数字能被 9 整除。说个小技巧，当判断一个数能否被 9 整除时，只需看所有位数之和能否被 9 整除即可。拿刚才的数来举例，所有位数之和为：

$$\underbrace{1 + 1 + \cdots + 1}_{9\text{个}} = 9$$

因为所有位数之和能被 9 整除，所以这个数字也能被 9 整除。让我们实际按一下计算器：

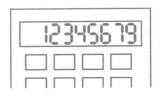

计算结果如下：

看到这个数字的瞬间，我们会感到惊讶，随即惊讶被别的情感压了回去。仔细看一下，这个数字从 1 开始按顺序排列着，突然，数字像断开了一样，"8"没有出现在数列中。

这就是"恐怖谷"。虽然数字可以被 9 整除，但得出的结果却完全让人想不通。

我与这个数字的相遇发生在小学的数学课上。老师让我们在笔记本上写下"12345679"，然后用 9 乘以它。

老师肯定知道答案会是一排整齐的 1，也许他想让同学们对计算后的答案感到惊喜，但我却只觉得迷惑不解。

为什么老师一开始给的数字中没有 8？就算问老师，也只能得到"它本来就这样"的回答。

"就这样"是怎样？从 1 到 7 按顺序排列只是单纯的偶然吗？可是这也未免太巧了，其中一定有什么别的原因。

按规律排列的数字为什么到了"8"时，规律就突然乱了？很奇怪，在数学的世界里居然会出现这种突然的不规律。这种不清不楚的感觉，就这样尘封在了我的心底。

我在写这本书时，过去的记忆被唤醒了。现在的我会向曾经的我做出什么样的解释呢？

考虑着种种的可能性，我突然意识到了一件让人感到惊讶的事情。这个看起来规律突然乱掉的数字其实有着非常美的规律，只不过这个规律被隐藏了而已。

找到这个规律的钥匙，就存在于"从计算器窥探到的无限世界"（p156）中说明过的"无限循环小数"。

首先将数字"111111111"如下所示进行分解：

$$111111111=100000000+10000000+1000000+100000+10000+$$
$$1000+100+10+1$$

接下来用"111111111"除以9，并试着把这个除法分解到等式的右边：

$$\frac{111111111}{9}=\frac{100000000}{9}+\frac{10000000}{9}+\cdots+\frac{100}{9}+\frac{10}{9}+\frac{1}{9}$$

从右往左看，这些分数是按照后一个数是前一个数 10 倍的规律出现的。

$$\frac{111111111}{9}=\frac{100000000}{9}+\frac{10000000}{9}+\cdots+\frac{100}{9}+\frac{10}{9}+\frac{1}{9}$$

我们再用小数来表示一下这些分数的计算结果，例如 $\frac{1}{9}$ 为：

$$\frac{1}{9} = 0.111111\cdots$$

这是一个小数点后会无限出现 1 的无限循环小数。$\frac{10}{9}$ 就是上一个结果的 10 倍，因此将小数点后移一位，结果为：

$$\frac{10}{9} = 1.111111\cdots\cdots$$

$\frac{100}{9}$ 需要再把上一个结果中的小数点后移一位，即：

$$\frac{100}{9} = 11.111111\cdots$$

将此操作重复九次，竖着排列出所有结果后相加。

已无须我说明了。数一数上方数字中累积的 1 的个数，从左至右 1 的数量是按 1，2，3…的顺序递增的。

将所有数字相加后，结果如下：

$$12345678.99999\cdots$$

不由得激动了，这已经解释了"恐怖谷"中的魔法。这个从 1 到 9 整齐排列的无限小数，就是 12345679 的真面目。

咦？为什么它们是同一个数字？有这种疑问的人请回忆一下在上一小节中解释过的关系式——0.999999…=1。

正如下面这个公式一样，将小数点后的 0.999… 换成 1，个位上的数由 1 与 8 相加得 9。这样一来就找到了"8"消失的原因。

$$12345678 + 0.99999\cdots$$
$$= 12345678 + 1$$
$$= 12345678 + 1$$
$$= 12345679$$

虽然无限循环小数中的数字排列整齐，很有规律，但变成有限小数时就会有点变形。想必我们已经领略过它的特别之处了。

用这样的心情再来看"12345679"的话，是不是有种看到幻化成人的可爱狸猫不小心露出的尾巴？

我想把这个发现告诉给小时候那个心中迷惑不解的自己。

不，还是算了吧。因为他有权利体会到，数十年后依靠自己解决当初疑问时的喜悦。

后记
"不懂"推动科学

很多年前的夏天，坐出租车时车上正放着电台广播。大概内容是暑期专题之"让专业人士来解答小孩子的提问"。

老师会和孩子通话，并用孩子能听懂的语言亲切而耐心地对问题进行解答。在最后主持人小姐姐问"某某小朋友，你听懂了吗"时，常会得到"嗯！我听懂了"这样响亮的回答，到了这里就意味着这一环节即将结束。

我觉得很有意思就一直在听，其中有个四岁的小女孩问了一个这样的问题：

"为什么海水一会儿变多，一会儿变少呢？"

可能考虑到那孩子才四岁，老师尽量用浅显易懂的语言将基本的原理告诉了她。但因为举例中涉及了气球、拔河等内容，小女孩无法理解。所以当被问到"你听懂了吗"时，小女孩怎么也给不出"我听懂了"的回答。

其实，老师抓住了重点解释得很好，但小女孩无论如何也理解不了老师说的内容。

最后，小女孩在这一环节快结束时被问到"你听懂了吗"，听起来她对问题还是抱有很大的疑问，但她用很微弱的声音回答了个"嗯"，随即挂断了电话。

正好那时我乘坐的出租车到达了目的地，所以节目会如何继续就不得而知了。不过这个小女孩，莫名地引起了我的共鸣。

如果这件事发生在小学五六年级，小女孩也许就能很轻松地理解老师说的"月球的引力在拉动着海水"是什么意思，并且在今后的人生中，或许对于"潮汐"这一自然现象不会再抱有任何疑问。

但仔细想想，如果让小孩子对刚才不理解的解释果断地说出"我听懂了"，反而觉得太刻意了。

分开的两个物体却像拔河一样相互拉扯，这个认知对于一个仅有四岁的小朋友来说，无疑是与她的世界观相悖的。

其实这在一定程度上，也证明了我们在按照自己的方式正确地认识着这个世界。我们都会在某个时刻知道"地球和月亮在相互作用"。可要是问到有多理解这个现象，实际上是一窍不通的。

说着"这就是常识"，然后只是将课本上的内容囫囵吞枣。"嗯！我听懂了"这句话，是在用学到的知识去迎合自己的世界观，这么看起来这句话用起来真方便。

每当日本人获得诺贝尔奖时，在新闻评论节目中，会对此人的研究内容进行详尽的说明。其中有位嘉宾苦笑着说："唉，我完全听不懂这些高深的话题。"此时另一位科学家说了这样的话：

"听不懂是正常的。但是能保持这份听不懂是很重要的。"

是的，这就是我想对那个四岁的小女孩说的话。就算是对手机各项功能都烂熟于心的"操作达人"，在不小心打开手机后盖，看到里面各种零件的瞬间也会变得有点蒙，觉得自己"不懂"吧。

一般的人会悄悄地把盖子归位，然后装作没看见。这样的话就能平安无事地生活了。

然而，没法视而不见的就是科学家这一类人了。手机内部的一些小零件，比如电容器、存储器、CPU什么的，虽然大概知道这些零件的作用，但当打开电容器的盖子后，又会有新的"不懂"在等待着他们。

电容器中有电子，电子中还会有粒子。打开的盒子越多，"不懂"也会接连不断地冒出来。

在这些"不懂"的最前沿工作的人，正是获得了诺贝尔奖的科学家们。"不懂"才是科学家们前进的动力，"理解了"只不过是他们一时的妥协罢了。

伽利略、牛顿、爱因斯坦，这些伟大的科学家们至死都拥有着这个四岁的小女孩所感知到的疑问。他们正是这些不论遇到了什么，都绝不妥协着说出"我懂了"的人们。

爱因斯坦有过这样的名言：

"只有两种方式度过你的人生，一种是把什么都不当奇迹，另一种是把什么都当成奇迹。"

幸好我是后者。

本书中我所书写的内容，不过是我用不完备的望远镜眺望到的辽阔的数学海洋中的一朵浪花罢了。

　　大家在阅读此书时所感知到的种种疑问，一半是由于我的解释能力不够，另一半则可能是因为数学本身深不见底的魅力。

　　如果这些疑问会化作各位好奇心的种子，让各位靠自己的力量在这广阔海洋中起航，那我真是三生有幸。

◎ **参考文献**

《流浪的天才数学家埃尔德什》[美] 保罗·霍夫曼著；[日] 平石律子译（日本草思社）

An Euvy-Free Cake Division Protocol, Steven J.Brams and Alan D.Taylor

图书在版编目（CIP）数据

这样的数学才有趣 / (日) 池田洋介著；黄伊冉译
. -- 海口 : 南海出版公司, 2023.8
（奇妙图书馆）
ISBN 978-7-5735-0359-6

Ⅰ.①这… Ⅱ.①池… ②黄… Ⅲ.①数学—青少年
读物 Ⅳ.①O1-49

中国版本图书馆CIP数据核字(2022)第198224号

著作权合同登记号　图字：30-2022-108
"OMOWAZU KOFUNSURU! KOIU SUGAKU NO HANASHI NARA
OMOSHIROI" by YOSUKE IKEDA
Illustration by Matsu (Matsumoto Naoko)
Copyright © 2020 Yosuke Ikeda.
All Rights Reserved.
Original Japanese edition published by KAWADE SHOBO SHINSHA Ltd. Publishers.
This Simplified Chinese Language Edition is published by arrangement with
KAWADE SHOBO SHINSHA Ltd. Publishers through East West Culture & Media
Co., Ltd., Tokyo.

本书由日本河出书房新社授权北京书中缘图书有限公司出品并由南海出版公司在
中国范围内独家出版本书中文简体字版本。

ZHEYANG DE SHUXUE CAI YOUQU
这样的数学才有趣

策划制作：北京书锦缘咨询有限公司
总 策 划：陈　庆
策　　划：宁月玲

著　　者：［日］池田洋介
译　　者：黄伊冉
责任编辑：张　媛
排版设计：柯秀翠
出版发行：南海出版公司　电话：（0898）66568511（出版）　（0898）65350227（发行）
社　　址：海南省海口市海秀中路51号星华大厦五楼　邮编：570206
电子信箱：nhpublishing@163.com
经　　销：新华书店
印　　刷：天津市蓟县宏图印务有限公司
开　　本：889毫米×1194毫米　1/32
印　　张：5.75
字　　数：121千
版　　次：2023年8月第1版　　2023年8月第1次印刷
书　　号：ISBN 978-7-5735-0359-6
定　　价：58.00元